PEIDIANWANG GONGCHENG HOUPINGJIA

配电网工程后评价

中电联电力发展研究院　组编

U0246705

中国电力出版社
CHINA ELECTRIC POWER PRESS

内 容 提 要

根据国资委《中央企业固定资产投资项目后评价工作指南》（国资发规划〔2005〕92 号）要求，电网工程后评价已成为电网公司常态化工作之一。本书从后评价概述、后评价方法论、后评价工作组织与管理、后评价内容、后评价实用案例、附录等六大部分，深入浅出地介绍了后评价起源与发展、我国配电网工程后评价发展历程、主要评价方法、工作流程和成果应用方式、后评价报告九大核心编制内容、后评价具体案例、主要评价指标集、收资清单和编制大纲。

本书适用于电网公司和咨询公司从事后评价工作人员，也可供相关人员参考。

图书在版编目（CIP）数据

配电网工程后评价 / 中电联电力发展研究院组编. —北京：中国电力出版社，2017.12
ISBN 978-7-5198-1477-9

Ⅰ．①配… Ⅱ．①中… Ⅲ．①配电系统–电力工程–后评价 Ⅳ．①TM727

中国版本图书馆 CIP 数据核字（2017）第 301723 号

出版发行：中国电力出版社
地　　址：北京市东城区北京站西街 19 号（邮政编码 100005）
网　　址：http://www.cepp.sgcc.com.cn
责任编辑：袁　娟
责任校对：闫秀英
装帧设计：郝晓燕　赵姗姗
责任印制：邹树群

印　　刷：北京雁林吉兆印刷有限公司
版　　次：2017 年 12 月第一版
印　　次：2017 年 12 月北京第一次印刷
开　　本：710 毫米×980 毫米　16 开本
印　　张：11.5
字　　数：186 千字
印　　数：0001—2000 册
定　　价：52.00 元

本书编写组

主　编　黄成刚

副主编　董士波　周　霞

参　编　王秀娜　张鹏飞　史雪飞　郝　敏

　　　　奚　杰　李东伟　郭　傲　吴　健

　　　　朱　蕾　王　佳　王　玲　丁　林

　　　　于　汀　徐　丹　郑小侠　王雁宇

　　　　李顺昕　季　方　辛亚格　叶　静

前　言

　　20 世纪 80 年代项目后评价的初步引入，为此后三十多年的快速发展拉开了序幕。配电网工程后评价发展至今，已从 10kV 及以下配电网工程后评价延伸到110kV 及以下配电网工程后评价，从配电网工程后评价到配电网投资评价，从基建工程扩展到检修技改工程，均已逐步探索形成较为成熟的后评价体系。如今，伴随我国主网网架结构的不断坚强，加之历史原因以及 2015 年开启的新一轮电力体制改革，110kV 及以下配电网投资将成为今后电网投资倾斜的方向。在当前时点，配电网投资项目后评价和投资评价将成为电网工程后评价的重点热点，开展配电网工程项目后评价对于配电网的发展以及整个配电网实现精准投资具有重要的意义。

　　本书由中电联电力发展研究院（技经中心）组编，全书分为五章，结合《中央企业固定资产投资项目后评价工作指南》（国资发规划〔2005〕92 号）、《中央政府投资项目后评价管理办法（试行）》（发改投资〔2008〕2959 号）、《建设项目经济评价方法与参数》（第三版，2006）以及《国家发展改革委员会关于印发中央政府投资项目后评价管理办法和中央政府投资项目后评价报告编制大纲（试行）的通知》（发改委投资〔2014〕2129 号）等规范性文件，以及编者团队的研究成果和大量的电网工程后评价咨询案例编写而成。

　　本书中提出的配电网工程，是指以区（县）及以上供电区域为单位、将某个投资年度或一定连续时间段内若干单项配电网工程打包形成的工程项目群。本书以配电网项目群为对象，从项目全寿命周期角度，对项目实施过程评价、项目实施效果评价、项目经济效益评价、项目环境效益评价、项目社会效益评价、项目可持续性评价、项目后评价结论以及对策建议等八部分评价内容，全面介绍配电网工程后评价工作。本书注重实用性、可操作性，力求将配电网工程后评价基本理论方法与配电网工程的特殊性相结合。本书引入典型配电网工程后评价实用案例，使读者能对配电网工程后评价的基本理论与方法有更加深刻的认识，对配电网工程后评价形成一种系统、全面、整体优化的观念，掌握常用的配电网工程后评价方法与核心关切点。

希望本书能够对读者有所启发和帮助，我们将继续坚持"以创建行业权威智库、为会员单位提供专业精准服务、发挥第三方咨询机构作用"的战略发展目标，努力践行"服务行业、贡献社会"的理念。借本书出版之际，希望社会各界能够提出宝贵意见和建议，帮助我们持续改进和不断完善。

中电联电力发展研究院

2017 年 11 月于北京

目　录

前言

第一章

后 评 价 概 述

　　"评价"一词，最早见于《宋史·戚同文传》中"市物不评价，市人知而不欺"，原指对货物的讨价还价。如今，评价是指为达到一定目的，运用特定的指标、设定的标准和规定的方法，对一个组织、群体和个体发展结果所处的状态或水平进行分析判断的计量或表达的过程。项目后评价（Project Post Evaluation）主要服务于投资决策，是出资人对投资活动进行监管的重要手段，成为改善企业经营管理和提升投资决策能力的一大助力。迄今为止，项目后评价已得到许多国家包括国际金融组织越来越多的重视，在其资助活动中应用。项目后评价引入中国，进入电力行业后，因其对工程本身未来运营提供参考反馈效益的同时，前馈于项目投资决策阶段，为今后建设同类工程提供借鉴，项目后评价在电网工程中运用广泛。

第一节　后 评 价 概 念

一、后评价定义

1. 后评价内涵与本质

　　项目后评价是指通过对项目实施过程、结果及其影响进行调查研究和全面系统回顾，与项目决策时确定的目标以及技术、经济、环境、社会指标进行对比，找出差别和变化，分析原因，总结经验，汲取教训，得到启示，提出对策建议，通过信息反馈，改善投资管理和决策，达到提高投资效益的目的。

　　项目后评价的对象是工程项目。工程项目作为一个复杂的系统工程，是由多个可区别但又相关的要素组成的具有特定功能的有机整体，其整体功能就是要实现确定的项目目标。工程项目系统通过与外部环境进行信息交换及资源和技术的输入，建设实施完成，最后向外界输出其产品。工程项目的控制系统是由施控系统和受控系统构成，其各项状态参数随时间变化而产生动态变化。项目后评价就是运用现代系统工程与反馈控制的管理理论，对项目决策、实施和运营结果作出科学的分析和判定。项目后评价的反馈控制过程是：投资决策者根据经济环境需要，通过决策评价确定项目目标，以目标制定实施方案；通过对方案的可行性分析和论证，把分析结果反馈给投资决策者，这种局部反馈能使投资决策者在项目决策阶段中及时纠正偏差，改进完善目标方案，作出正确的决策并付诸实施；在项目实施阶段，执行者将实施信息及时反馈给决策管理者，并通过项目中间评价提出分析意见和建议，使决策者掌握项目实施全过程的动态，及时调整方案和执行计划，使项目顺利实施并投入运营；当项目运营一段时间后，通过项目后评价将建设项目的经济效益、社会效益与决策阶段的目标相比较，对建设和运营的全过程作出科学、客观的评价，反馈给投资决策者，从而对今后的项目目标作出正确的决策，以提高投资效益。

项目后评价遵循的是一种全过程管理的理念，是项目周期的各个阶段的实践中分析总结出成功的经验和失误的教训，对已完成项目所进行的一种系统而又客观的分析评价，以确定项目的目标、目的、效果和效益的实现程度。因此，从项目周期来看，项目后评价位于项目周期的末端环节，如图1-1所示。

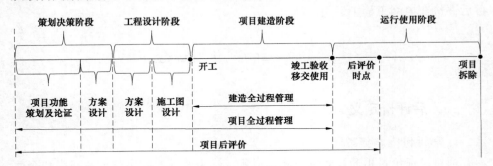

图1-1　项目全过程建设程序

2. 后评价与常见项目审计、竣工验收的区别

（1）项目后评价与审计的关系。

工程项目后评价与工程项目审计已成为项目全寿命周期中的重要环节和加强投资项目管理的重要手段。伴随我国经济建设的蓬勃发展，工程项目后评价和审计业务也日臻完善。项目后评价与项目审计之间既存在着密切的联系又

有着明显的区别。

审计属于经济领域的监督范畴，是一种独立的、间接的、依法进行的财务监督评价活动，其主要根据相关财务业务，按照原定的目标和计划，对项目的货币支出效益进行审核，以检查项目的实际执行情况。审计侧重于实际情况与原定方案的对比，尤其是在财务业务的合法性方面，其范围一般仅限于会计和报表程序方面，通常不需要总结整个项目的经验教训。后评价则侧重于评价项目实际执行的效果，对比无项目情况下发生的变化，对项目的全过程进行综合评价，进而总结出项目的经验教训。

（2）项目后评价与竣工验收的区别。

项目后评价不仅仅是对项目工程和技术的总结评价，更重要的是对项目经济和效益的分析评价。项目竣工验收是在项目工程建成时进行的以工程技术完成为主的项目总结和验收。在时间上，后评价要对项目周期全过程的各个阶段进行分析评价；在内容上，后评价要对项目涉及的工程技术、财务经济、环境生态、社会发展、管理制度等进行全方位的分析。

此外，项目后评价要有畅通、快捷的信息流系统和反馈机制。项目后评价的结果和信息应用于指导规划编制和拟建项目策划，调整投资计划和在建项目，完善已建成项目。项目后评价还可用于对工程咨询、施工建设、项目管理等工作的质量与绩效进行检验、监督和评价。

二、后评价主要内容

项目后评价，一般需要总结与回顾项目全过程（含项目前期、准备阶段、实施阶段、生产运行阶段等）的基本情况，根据各阶段的工作要求进行程序合规性、合法性评价，管理合理性、有效性评价，实施效果实现度、持续性评价。具体评价内容如下。

项目前期工作水平评价：根据有关规程和规定，评价可行性研究报告质量、项目评估或评审意见的科学性、项目核准（审批）程序的合法性、项目决策的科学性。

项目准备阶段工作评价：对照初步设计内容深度规定、招投标制度和开工条件等有关管理规定，评价工程建设准备阶段相关工作的充分性、合规性。

项目实施过程评价：从建设工期、投资管理、质量控制、安全管理及文明施工等方面，评价项目建设实施的"四控"质量与水平，建设实施过程的科学合理性。

项目运营情况评价：从技术和设备的先进性、经济性、适用性和安全性评价项目技术水平。从项目实施相关者管理、项目管理体制和机制、投资监管成效等方面评价项目经营管理评价。

项目经济效益评价：经济效益评价根据项目实际发生的财务数据，进行财务分析，计算成本利润率、资产回报率、资产负债率、利息备付率和偿债备付率，评价项目的获利能力和偿债能力。

项目环境影响和社会效益评价：对环境存在较大影响的项目，进行环境达标情况、项目环境设施建设和制度执行情况、环境影响和生态保护等方面的环境影响评。从项目的建设实施对区域（宏观经济、区域经济）发展的影响，对区域就业和人民生活水平提高的影响，对当地政府的财政收入和税收的影响等方面评价项目的社会效益。

项目目标实现程度和持续性评价：按照项目的建设目的与其在生产运行中发挥的作用，以及前期预测的财务指标与运营中实际的财务指标对比，评价项目目标实现程度。从项目内部因素和外部条件等方面评价整个项目的持续发展能力。

评价结论及建议：对项目进行综合评价，找出重要问题，总结主要经验教训，提出有借鉴意义和可操作性的对策建议及措施。

三、后评价作用

项目后评价是对项目进行的诊断。项目后评价具有透明性和公开性的特点，可以通过对投资活动成绩和失误的主客观原因分析，相对客观公正地确定投资决策者、管理者和建设者在工作中存在的实际问题，从而进一步提高工作水平，完善和调整相关政策和管理程序。项目后评价对完善已建项目、改进在建项目和指导待建项目都具有重要的意义，已成为项目全寿命周期中的重要环节和加强投资项目管理的重要手段。项目后评价的主要作用可概括为"一反馈、三前馈"。

反馈：对项目经营管理活动进行诊断，提出完善项目运营的建议意见。

项目运营效果是企业经营管理水平的重要指标。项目后评价是在项目运营阶段进行的，因而可以分析和研究项目投产初期和达产时期的实际情况，比较实际情况与预测情况的偏离程度，探索产生偏差的原因，提出切实可行的措施，从而促使项目运营状态正常化，充分释放生产能力，发挥预期功效，实现项目经济效益和社会效益。

前馈 1：对项目全过程管理进行分析，提出提升项目管理水平的建议意见。

投资项目后评价是典型的全过程管理分析应用工具，通过开展项目规划到运营全过程的回顾总结，对已建成项目各阶段目标实现程度进行分析评价，挖掘目标未实现的深层次原因，评价项目的可延续性和可重复性，总结提炼项目管理经验和教训，改进在建项目，指导待建项目，为待建项目提供可重复性借鉴，提高项目管理水平。

前馈 2：对项目组织管理工作进行总结，提出规范企业管理体系的建议意见。

项目后评价涉及规划、前期、计划、基建、生产、财务、调度、市场等诸多部门，只有建立规范的组织管理体系流程，各司其职，协同配合，后评价工作才能顺利进行。而通过开展项目后评价，除了能够建立形成成熟的后评价组织工作管理流程外，也能够评价实际已建项目管理流程的规范性和科学性，提出建设性改进意见建议。

前馈 3：对项目投资效果实现度进行评估，提出提供企业决策能力的建议意见。

投资效益效果是投资项目管理后评价的核心内容之一，投资效益效果的实现与否是反映投资项目成败的关键性标志。通过对比决策阶段和运营阶段各物理、经济、社会、安全效益效果指标，分析各决策目标实现程度，挖掘未实现的深层次原因，为各部门提供针对性意见建议和决策依据的同时，提高各部门决策的科学性和合理性。

第二节　后评价起源与发展

一、后评价理论发展的三次浪潮

项目后评价作为公共项目部门管理的一种工具，其基本原理产生于 20 世纪 30 年代，处于经济大萧条时期的美国，主要是对由政府控制的新分配投资计划所进行的后评价。1936 年，美国颁布了《全国洪水控制法》，正式规定运用"成本–效益"分析方法评价洪水控制项目和水资源开发项目。到了 20 世纪 70

年代中期才慢慢被许多国家和世界银行在其资助活动中使用。迄今为止，已得到众多国家包括国际金融组织越来越多的重视与应用。

1. 第一次浪潮——后评价理论基础初具雏形

回首项目后评价的发展历程，可以发现，1830～1930 年的"费用—效益"分析法成就了项目后评价理论发展的第一次浪潮。1844 年，"费用—效益"分析法思想之父杜波伊特（DuPult）在其撰写的《论公共工程效益的衡量》一文中提出消费者剩余和公共工程的社会效益概念，指出公共工程的收益并不等同于公共工程本身所产生的直接收入，该时期萌发了项目财务后评价思想，但更多关注的是项目财务效益的高低，没有形成真正意义上的后评价理论。

2. 第二次浪潮——"成本—效益"分析法的兴起

1930–1968 年是"成本—效益"分析方法的发展应用阶段。"成本—效益"分析法在美国的水利和公共工程领域被应用并初步发展。该阶段的理论基础主要是"成本—效益"的福利学分析即帕累托最优（Pareto Optimality）理论，其评价重点是项目经济评价，最关心的是项目的社会生产效益。1960 年以后，"成本—效益"分析法在方法上得到进一步的深化与完善。在美国动用巨额公共资金投入"向贫困宣战"计划实施中，运用后评价手段进行有效的监督，使得项目后评价的理论和方法在现实生活中得到发展。

3. 第三次浪潮——"新方法"的产生与发展

20 世纪 60 年代末至 80 年代，国际金融组织和发达国家的对外援助机构，通过经济投资的方式援助一些发展中国家，但是受援国仍然摆脱不了经济落后的境地。为解决这些受援国因价格扭曲而造成的评价失真问题，一批一流的经济学家致力于发展一套边际价格为基础的影子价格或价格转换系数，将"费用–效益"分析用于一般评价。自 20 世纪 70 年代中期以后，"费用–效益"分析法被经济学界冷落，此时出现的 L–M 法、U–NIDO 法、S–V 法成为了项目经济效益后评价"新方法"的代表。一些经济学家在传统经济评价与后评价方法中增加了公平分配、就业效果、教育效果等评价内容，产生了一系列的新的后评价方法。

二、后评价在国外的产生与发展

项目后评价的发展，表现为由分散、零碎的后评价向具有明确的法律和系统的规则、明确的管理机构的后评价发展的趋势。项目后评价起源于 19 世纪

30 年代的美国，20 世纪 30 年代开始主要以财务分析的优劣作为评价项目成败的主要指标。60 年代末，部分国家对能源、交通、通信等基础设施和社会福利投入大量资金，为此项目效益评价引入国民经济评价的概念。至 70 年代中后期，项目后评价才广泛地被其他国家和组织使用。

1. 不同国家后评价体系的诞生缘起与发展

（1）美国。

在美国，后评价已经成为了政府以及国会内部调控和相互监督的重要工具。国会需要独立、客观的经济信息，会计总署负责完成国会提出的后评价任务，并由会计总署成立的后评价研究所负责对美国联邦政府所有部门的后评价问题进行分析和研究。行政部门利用后评价对政策以及项目进行持续监督和分析，以备调整，立法部门则利用后评价对政策以及项目进行阶段性考察，制定相应的法律、法规，对政府予以协调纠错和控制。

美国是最早开展项目后评价的国家，也是国际上后评价理论与方法的倡导者。从 20 世纪 30 年代，美国政府在"新分配"（NEW DEAL）计划项目中第一次有计划地开始对项目进行后评价。到 20 世纪 60 年代，联邦政府制定了一个"向贫困宣战"（WAY ON POVERTY）的计划，为实现这一计划政府动用了数以亿计的资金新建了一大批公益项目，国会和公众对这些资金的使用、效益和影响表现出极大的关注，于是在计划实施的同时，又进行了以投资效益为核心的项目后评价，特别是运用了后评价手段进行有效的监督，使得项目后评价的理论和方法得到发展和完善。之后项目后评价进入美国立法部门，美国国会将其对后评价的研究与实践作为一种监督功能，总会计办公室作为国会的监督代理机构，除其原有的国家决算和审计功能外，增强了它的评价能力。

1979 年，美国管理和预算办公室颁布了题为"行政部门管理改进和后评价应用"的第 A–117 号文，作为所有行政部门的正式政策。该文件明确提出：联邦政府所有行政部门应该评价其项目的效果和项目实施效率，坚持不懈地寻求改进措施，以便联邦政府的管理能反映最先进的公共管理和工商管理实践，并以此向公众提供服务。到 1980 年，国会要求美国会计总署进行的后评价项目已经非常多，于是美国会计总署成立了后评价研究所，后更名为项目后评价方法处，该处现有约 80 名专业人员，对美国联邦政府所有部门的后评价问题进行研究，每年大约做 30 至 40 个后评价项目。此外，美国联邦政府还认为，后评价有多种用途并有很多的使用者，任何单一后评价战略或单一后评价报告都不可能满足用户对不同类型信息的要求。因此联邦政府主张，对不同信息需求的用户，提供不同类型的后评价；对政策周期的不同阶段，提供不同的后评价信息。美国国会共有四个机构向国会提供后评价信息，它们是美国会计总署、国会图书馆和国会研究服务中心、国会预算办公室及技术评价办公室。在20世纪70～80年代，由于某些公益性项目的决策由美国政府下放到州政府或地方政府，后评价工作也从联邦政府扩展到地方，且不少州政府对项目后评价的内容进行了许多创新，更加关注社会福利项目的后评价和项目过程的后评价，其范围涉及社会的各个方面，诸如从环境保护到教育水平的提高及就业机会的创造等；其内容涉及公共资源的投资效率、管理水平、项目效果等。

（2）英国。

英国被认为是项目后评价发展第一次浪潮中的国家，但其后评价的发展过程却相当缓慢。开始英国对项目后评价的兴趣源于两个动力：一是财政部关于建立并能控制部门开支决策和对其进行优先级排序机制的决定；二是关于必须加强内阁政府管理合理性及集体决策的要求。但由于信息和数据不全、后评价组织与人员的缺乏，再加上政治压力的减少，这两个动力维持的时间不长，随后，项目后评价停滞了很长一段时间。

1985年，政府部门明文规定后评价是政府管理的必要工具。然而，由于英国的议会体制和复杂的中央及地方政府关系等原因，使得英国的项目后评价在相当长的一段时间内较为分散和零碎。一方面，英国中央政府部门要求所属各部门进行更多的自我评价和自我监督，以提高资金价值，清除阻碍管理的因素和帮助迅速有效地实施变革，以便使得自我评价和后评价成为正常管理实践的一个组成部分。但与此机制有关的后评价工作并不系统化，未建立一套好的后评价方法，致使这些后评价工作大多是流于形式。另一方面，议会、议会委员会和国家审计办公室从20世纪80年代以来，也开展了后评价工作，成立了一个下院委员会（公共账务委员会），在1983年的一项法案中被确定其领导国家审计办公室，并要求国家审计办公室的职能扩展，进行更广泛的项目后评价的研究与实践。再一方面，地方政府的后评价工作举步维艰。英国只有两个层次的政府是由选举产生，即议会和地方政府。地方政府认为他们有权力对自己的政治经济负责，但中央政府一直在讨论进一步剥夺地方政府的职能和责任。中央政府在1982年通过了"地方政府财政法案"，以加强对地方政府的控制。该法案实际上从地方政府手中夺走了地方审计长的任命权，把它转移到新成立的国家审计委员会，因此地方政府的后评价工作逐渐消失。这样一种分散、零碎的后评价状况直到 1994 年下半年成立英国后评价协会后，才在一定程度上得到了扭转，这个协会几乎与欧洲后评价协会在同一时间成立。

（3）加拿大。

加拿大已建立了一套后评价制度，包括中央政府政策要求、中央政府协调、行业部门从事后评价的规定以及内部审计和议会审计制度。20 世纪 60 年代初，加拿大政府尝试在联邦政府建立一个综合和持续的后评价机构。1969 年，国库委员会建立了计划局，该机构在负责其他工作的同时，开展了一系列的后评价工作及政策评审，扶持政府各部门建立后评价机构，并指导各部门更多更好地开展部门内的后评价。20 世纪 70 年代中期，该计划局进行了一系列项目的后评价，但与此同时总审计长的报告认为后评价做得成功的很少，并一再呼吁要有更多更好的后评价。议会对总审计长的报告做出了快速的反映，1977 年，总审计长法案允许总审计长"提请议会对政府没有建立满意的关于项目效果测度和报告程序的情况予以关注。"总审计长和一些皇家委员会再三强调开展后评价工作的必要性。在此背景下，政府不得不做出反应，于 1977 年建立了总监办公室。该办公室的主要任务是进行效率和效果评价，即后评价。总监办公室被授权对各部门进行监督，要求各部门建立设施和准备资金从事后评价工作；同时，还要求各部门建立效率和效果测度系统，总审计长办公室负责审计项目效果测度和报告的执行情况。至此，加拿大联邦政府后评价的基本设施已经具备，并开始了实际的后评价工作。1990 年 12 月，加拿大政府推出一份关于公共服务改革的题为"2000 年的公共服务"的白皮书，它特别强调重视业绩监督和相应地减少中央控制，并要求后评价在提供有关业绩监督信息中扮演重要角色。1991年 1 月，参议院全国财政党务委员会提供了一份关于对加拿大联邦政府后评价的研究报告。该报告认为：系统地使用后评价的结果，可以为委员会提供一个强有力的评审事务的方法，特别可以对政府项目提出具体的改进建议。但是，该报告中也表达了对现有后评价系统的相当不满意。他们对后评价人员的独立性和客观性、总监办公室质量控制措施以及政府项目的后评价都提出了一些质疑，下院的公共账务委员会也对此表示极大的关注，并于 1991 年秋举行了一系列关于财政部税收政策后评价机构重组的听证会，大大地改善了项目后评价系统。

（4）印度。

在发展中国家中，印度的后评价工作卓有成效。印度自独立以后，就开始实施有计划、有组织的经济发展规划，为使其经济发展计划顺利实施，第一个五年计划（1951～1955年）期间成立了规划评议组织，负责组织项目后评价工作，除了中央的规划评议组织外，印度各邦还设有邦评议组织（SED），负责组织各邦政府的发展规划和投资目的后评价工作。

它的规划评议组织设在国家计划委员会内，总部在新德里，规划评议组织是一个三级组织。最高层的总部，设有一个总顾问和12个副顾问，12个副顾问由不同专业的专家组成。总部工作人员的主要任务是选择项目后评价对象，设计后评价方法，组织和监督现场调查，编制资料数据收集标准表格，编写项目后评价报告，并通过举办培训班的形式培训基层工作人员。规划评价组织的中间一级由七个地区评议组织构成，并且各有各的地区总部。每个地区评议组织由2～6名项目后评价人员组成。地区评议组织的任务是执行规划评议组织下达的进行现场调查、汇编计划表格等后评价任务，并有权参加讨论最后形成的后评价报告的初稿。地区评议组织是连接总部和基层组织的重要环节，规划评议组织的基层组织由34个现场办公室组成。现场办公室分布在不同的邦，办公室的工作人员都是专职的项目后评价人员，并且每位专职人员都配备两名现场调查员，各现场办公室的主要任务是具体从事项目后评价各种基础数据的收集工作，并监督、协助和检查现场调查人员开展工作，规划评议组织直接向计划委员会副主席报告工作，他只对计划委员会而不对任何其他行政部门负责。因此规划评议组织可以公正、客观地进行项目后评价工作，而且规划评议组织是通过自己工作人员深入现场收集资料和数据来编制评价报告，因而能够保证后评价结论真实、可靠。邦评议组织直接向邦计划大臣提交报告，然后由各部门首脑组成的邦审核委员会讨论，并将值得吸取的经验教训迅速的反馈到有关行政部门，监督其采取必要的措施。

2. 金融机构后评价体系的发展历程及其变迁

（1）世界银行（简称"世行"）。

世界银行（World Bank）是世界范围内项目后评价制度建立得比较完善的机构。尽管这一制度直到20世纪70年代初期才建立起来的，但现在形成了独立的项目后评价机构和一整套项目后评价的程序、方法，指导着世界银行项目后评价工作的开展，也带动了其他国际金融组织及国家项目后评价工作的研究与实践。世界银行于 1970 年成立了项目后评价机构，1975 年设立了负责项目后评价的总督察（Director General），并正式成立了业务评价局（Operation Evaluation Department，OED），从此，项目后评价纳入了世界银行重要的正规管理和实施轨道，其组织机构的建立如图 1–2 所示。

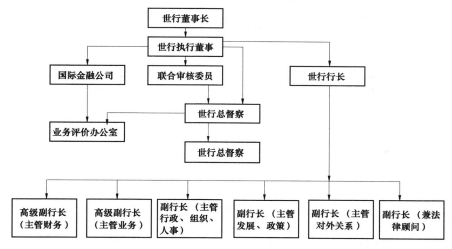

图 1–2　世界银行后评价机构示意图

领导世界银行业务评价工作的总督察由银行执行董事会任命，对执行董事会专门负责业务评价的联合审查委员会（Joint Audit Committee，JAC）负责，同时代表世行行长管理业务评价的工作。总督察领导着世行的业务评价局和国际金融公司（International Finance Corporation，IFC）的业务评价办公室（Operations Evaluation Group，PEG）两个后评价机构。总督察的主要任务包括：评价业务评价系统的作用和功能，并向银行和成员国报告；对业务评价计划和工作提出独立的指导意见，提高评价机构对业务评价目的的认识；确定工作中根据变化所提出的对策，使之更富有成效；同时满足各成员国在业务评价方面的需要，鼓励和支持各成员国发展各自的后评价体系。

（2）亚洲开发银行。

20 世纪 70 年代，亚洲开发银行成立亚行后评价办公室（Post Evaluation Office，PEO）。1999 年，亚行将亚行后评价办公室改为业务评价办公室（Operation Evaluation Office，OEO），这不仅是一个名称上的改变，更为重要的是其后评价业务领域向全过程延伸，扩大了其后评价机构的功能。亚行项目后评价方法类似世界银行项目后评价方法，值得一提的是它的项目后评价反馈系统，这一套系统不仅保证了亚行项目的成功，而且也增加了对亚行股东的透明度，从而保证了援助资金不断地从发达国家流向欠发达国家。具体的反馈流程如图1-3所示。

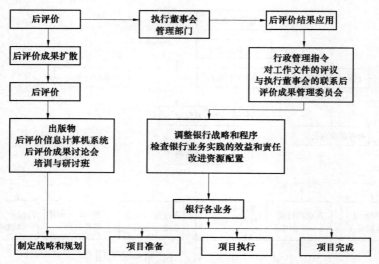

图1-3 亚洲开发银行项目后评价反馈系统示意图

国际金融组织非常重视项目后评价工作，并建立了独立的项目后评价机构和严格的项目后评价程序，采用了科学的项目后评价方法，使得国际金融组织的项目后评价成果显著，其项目后评价管理方式和实施程序已为多数发展中国家所接受，形成了国际模式。

三、后评价在中国的渐进式发展

1. 20世纪80年代的早期引入

20世纪80年代，中国开启项目后评价工作，在世界银行的帮助下逐步开始研究和推广应用。1983年，中国投资银行编写了《工业贷款项目评估手册（试行本）》，对我国开展项目评估的研究与实践进行了有益的探索，并起到了积极的示范作用。在总结项目评估实践经验的基础上，国家部分经济决策部门、商业银行、社会研究机构、高等院校、设计咨询单位等都对项目后评价工作给予了极大的关注，在借鉴国外项目后评价方法的同时，对适合我国国情的项目后评价的理论和方法进行了广泛的研讨。

2. 项目后评价在中国快速发展

20 世纪 80 年代项目后评价的初步引入，为此后三十多年的快速发展拉开了序幕。1986 年，原国家计委外经局与世界银行后评价局在北京联合举办后评价学习班。1987 年，京秦铁路项目作为国内首个应用项目后评价的成功案例，受到了广泛的关注与好评，为我们探索项目后评价的应用之路留下了宝贵的意见。1988 年，国家计委委托中国国际工程咨询公司进行了第一批国家重点投资建设项目的后评价，正式开启项目后评价在中国工程建设领域的应用。同年 2 月，在《中国基本建设》杂志发表的《武钢一米七轧机工程后评价报告》，成为国内公开发表的第一份后评价报告。

自此，我国全面打开应用项目后评价的大门。国家各部门开始相继重视后评价，国家各部委、各行业部门、各高等院校以及研究机构陆续承担国家主要项目的后评价工作。国家有关部门和单位出台的项目后评价文件如表 1-1 所示。

表 1-1　　　　　　我国相关部门和单位出台的后评价政策

时间	部门/单位	项目后评价文件名称
1988 年	国家计委	《关于委托进行利用国外贷款项目后评价工作的通知》
1991 年	国家计委	《国家重点建设项目后评价工作暂行办法（讨论稿）》
	国家审计署	《涉外贷款资助项目后评价办法》
1992 年	中国建设银行	《中国建设银行贷款项目后评价实施办法（试行）》
1993 年		《贷款项目后评价实用手册》
1996 年	国家计划委员会	《国家重点建设项目管理办法》
	交通部	《公路建设项目后评价工作管理办法》
2002 年	原国家电力公司	《关于开展电力建设项目后评价工作的通知》
2004 年	国务院	《国务院关于投资体制改革的决定》
2005 年	国资委	《中央企业固定资产投资项目后评价工作指南》
2008 年	国家发改委	《中央政府投资项目后评价管理办法（试行）》
2014 年	国资委	《中央企业固定资产投资项目后评价工作指南》
2014 年	国家发改委	《中央政府投资项目后评价管理办法和中央政府投资项目后评价报告编制大纲（试行）的通知》

此外，国家开发银行制定了《贷款项目后评价暂行办法》及实施细则。水

利部也出台了《水利工程建设项目后评价报告编制规程》。90 年代中期，项目后评价工作在全国范围内得到了普遍推广。我国项目后评价工作已经从无到有逐渐发展起来，人们对后评价工作的认识也逐步深入。伴随项目后评价机制的逐步完善，评价项目类型范围不断扩展，评价方法趋于多样化。

第三节 中国配电网工程后评价发展历程

一、中国配电网工程后评价的发展

伴随中国经济的高速发展，能源消费和电力需求呈现逐年增长的态势。长期以来，电网项目一直作为电源项目的配套工程，与电源项目实行"打包捆绑"的审批模式，早期仅针对电源项目开展了项目后评价工作。而现阶段，各电网公司均推出大量电网后评价项目，开始了摸索中前行。为保障电网项目后评价的有序开展，国务院、国资委以及各电网公司紧锣密鼓的出台了多部政策性文件，为电网项目后评价提供指引，给予指导意见。

从最初的项目经济评价到《电力建设项目后评价方法实施细则》（试行）的颁布，再到各网公司制定后评价企业标准，如火如荼地开展电网工程后评价，电网工程后评价历经"初具雏形—正式启动—逐步完善"阶段，但其主要还是围绕着输变电工程开展后评价，配电网工程还未在所有网公司大范围开展，具体来说是 10kV 及以下配电网工程后评价还未大范围开展，而且目前在国家层面也并未制定有 10kV 及以下配电网工程后评价相关管理办法，10kV 及以下配电网工程后评价导则也正在起草中。由于配电网工程的特殊性及电网公司的管理模式，110kV、35kV 均可依据各网公司制定的固定资产投资项目后评价实施办法执行，10kV 及以下配电网项目由于具有项目数量多、投资小、建设目的不一样等特点，固定资产投资项目后评价实施办法规定不能反映该类项目特点，其也不能完全被 10kV 及以下配电网项目后评价套用。

2007 年，中国南方电网有限责任公司（简称南方电网公司）在广东电网公司开展 10kV 及以下配电网项目后评价试点。广州供电局组织创设了一套 10kV 及以下配电网项目后评价指标体系，为广东电网公司乃至南方电网公司 10kV 及以下配电网项目后评价的开展打下了坚实基础。2008 年，广东电网公司陆续在广州、深圳、东莞、佛山、珠海等地开展 10kV 及以下配电网项目后评价试点工作，并于 2009 年在全省 21 个地市全面铺开。以广东电网公司的试点和推广应用成果为基础，南方电网公司于 2010 年组织编制了《配电网项目后评价实施办法》（南方电网计〔2010〕135 号），标志着 10kV 及以下配电网项目后评价正式在南方电网公司系统内落地，成为常态化工作。基于多年探索实践，配电网投资项目后评价也从基建专业延伸到了技改专业。2013 年，南方电网公司对原主网、配网后评价内容深度规定进行了修编，将基建项目后评价重点前移，突出项目前期决策和效果效益目标实现评价，发布了《关于印发电网项目后评价内容深度指导意见的通知》（计〔2013〕77 号）、《技改、科技、信息化项目后评价内容深度指导意见》（南方电网计〔2013〕94 号），统一修编并规范了配网基建、技改后评价内容深度。在固定资产投资有效性和经济性日趋重要之际，为全面分析固定资产投资效果和效益，总结经验和教训，提出改进措施，南方电网公司于 2015 年发布《关于印发投资评价指标和评价报告模板的通知》（计〔2015〕30 号），开展投资总体评价和各投资专业评价，配电网基建、技改作为其中专业之一，重点评价投资规模结构的合理性、投资项目的针对性和投资策略执行情况，以及时将后评价分析报告所暴露的问题和提出的建议反馈到相关部门和单位，并应用于投资决策、投资策略制定、年度投资安排等环节，为实现投资决策的"责、权、利"对等，建立投资责任考核和追究机制创造条件。至此，配电网工程后评价历经从试点到推广、从某一年某一地区的配电网基建后评价到配电网技改后评价，再到三年、五年期某地区的配电网基建后评价、从配电网后评价到侧重于投资评价的配电网投资评价，整体发展趋势上，评价内容渐为聚焦，逐渐向投资评价靠拢。

2015 年，国家电网公司组织编制了《新一轮农网改造升级工程和无电地区电力建设工程专项后评价报告大纲》，要求各省（自治区、直辖市）编制 2010～2015 年农网改造升级工程和无电地区电力建设工程专项后评价报告。2016 年，国家电网公司选择上海嘉定、江苏苏州、江西赣州、辽宁大连、青海西宁、四川成都等地市（区）为试点，探索开展配电网专题后评价，总结经验，研究工作体系和评价指标体系。2017 年，基于 2016 年试点经验，组织编制了《110kV及以下配电网后评价报告大纲》，进一步扩大评价范围，在上海、江苏、安徽、湖南、湖北、宁夏、四川等省（直辖市），分别选择一个地市公司开展配电网后评价，重点关注输配电价改革、售电侧改革对配网发展的影响及风险，园区配套工程投入产出效益等。同时，探索开展 35kV 及以上电网项目全覆盖评价，推动基础数据通过系统自动采集。整体发展趋势上，在评价内容上，聚焦新一轮电力体制改革下电网公司配电网投资风险和投资收益，以支撑配电网投资策略的制定；在评价方式上，重视信息化对后评价的支撑作用，以提高后评价效率。

内蒙古电力公司层面，目前还未开展单独的配电网后评价，只是在固定资产投资评价中涉及配网专业的投资评价，见表1-2。

表1-2　　　　　　　　　各电网公司出台的配电网项目后评价配套政策

时间	发文单位	文 件 名 称
2010 年	南方电网公司	《配电网项目后评价实施办法》（南方电网计〔2010〕135 号）
2013 年	南方电网公司	《电网项目后评价内容深度指导意见》（南方电网计〔2013〕77 号）
2013 年	南方电网公司	《技改、科技、信息化项目评价内容深度指导意见》（南方电网计〔2013〕94 号）
2015 年	南方电网公司	《关于印发投资评价指标和评价报告模板的通知》（南方电网计〔2015〕30 号）
2015 年	国家电网公司	《新一轮农网改造升级工程和无电地区电力建设工程专项后评价报告大纲》
2017 年	国家电网公司	《110kV 及以下配电网后评价报告大纲》
2016 年	内蒙古电力公司	《固定资产投资项目后评价技术规范》

随着主网网架结构的坚强，加之历史原因和新一轮电力体制改革，110kV 及以下配电网投资将成为今后电网投资倾斜方向，110kV 及以下配电网投资能够占到 500kV 及以下电网基建投资的 70%及以上，而 10kV 及以下配电网投资约占 110kV 及以下配电网投资的 60%～70%。可以预见，配电网投资项目后评价和投资评价将成为电网工程后评价的重点热点。

二、配电网工程后评价发展中存在的问题

配电网工程后评价发展至今，已从 10kV 及以下配电网工程后评价延伸到 110kV 及以下配电网工程后评价，从配电网工程后评价到配电网投资评价，从基建专业扩展到技改专业，无论是单独的 10kV 及以下还是 110kV 及以下配电网工程后评价抑或是投资评价、不同专业评价，均已逐步探索形成较为成熟的后评价体系，包括后评价模板、后评价指标体系、后评价标准等。但在后评价开展过程中，亦产生由于配电网网络自身独特特性和电网公司管理模式带来的

相关问题。配电网工程的复杂性、综合性和网络的系统性特点，决定了配电网工程后评价是一项综合性很强的系统性工作，对各类后评价项目差异化多维度评价标准确定、科学合理的效益和费用识别方法等提出了挑战。同时，后评价取费灵活性不足亦给后评价工作的完善提出了要求。

1. 配电网工程的复杂性，导致后评价标准差异性大

由于配电网工程建设功能目的具有多样性，即在整个电网系统中发挥的作用不同，按其建设功能目的或投资分类划分，配电网工程包括满足新增负荷需求、加强网架结构、电源送出、变电站配套送出、解决设备重过载、消除安全隐患、配电网自动化建设、电动汽车充换电设施接入等，在分别评价上述各类项目时，其评价模板统一遵循各网省公司制定的后评价大纲细则，只是评价重点细节上需区别对待。由于评价项目差异性比较大，导致后评价的指标存在多样性，亦无法用同一标准评价，如无法用满足新增负荷需求项目的经济效益评价标准去评价加强网架结构的经济效益，同时也须多维度评价的平衡，如农网升级改造工程，其经济效益可能不甚理想，但更多地需考虑其社会效益指标，社会效益影响大于其产生的经济效益。同时，除部分指标可依据既定的规程规范作为评价标准外，其他指标的评价还需综合考虑不同电网工程建设功能的不同，工程所处地域经济发展情况、电网发展情况，对指标的优劣或合理性评价时要做到具体问题具体分析，综合评判得出客观科学合理的评价结果，从而支撑电网投资精准决策。

2. 电网网络的系统性，导致工程效益识别难度大

电网是一个复杂的网络系统，其投资效益主要由网络系统中各电压等级电网系统贡献，要从整个网络系统剥离出配电网工程的效益，难度较大，且其科学合理性本身值得商榷。国外比较流行的方法是整体功能定价法和潮流灵敏度定价法，但其对于评价配电网工程来说，适用性和通用性不大。目前国内评价此类工程经济效益现行成熟的方法是基于等资产等效益的原则，剥离出配电网工程的效益，即基于目前的电价体系和管理模式，销售收入包括特高压、750kV、500kV、330kV、220kV、110（66）kV、35kV、10kV 及以下不同电压等级的电网全局收入，通过资产分摊比例系数，将某个自然年度配电网投资项目对应的销售收入从全局中剥离。由于配电网工程功能类型不同，有的主要为满足用电需求，提升供电能力，有的主要是加强网架结构，提高供电质量和可靠性，系统功能的不同导致资产利用率不一致，按资产分摊原则显然不利于真实反映

项目的实际效益。同时，由于配电网投资具有多年连续性特点，若按原来的资产分摊原则剥离效益，计算的项目效益具有存量投资项目贡献的迭加效益，而不是增量投资效益，亦无法真实反映当年投资项目真实效益。因此，电网网络的系统性和投资的连续性，导致工程增量效益的识别难度增大，目前的资产分摊方法也亟待完善。

3. 电网统一核算体系，导致工程费用识别难度大

目前的财务核算体系无法具体核算经营成本到某一电压等级电网工程，现行剥离方法基本上是基于等资产等维护费用的原则，基于工程转固资产占全局资产比例分摊全局运维费用。由于配电网工程功能类型不同，其在整个电网系统所处的作用和对整个电网系统的安全稳定经济性的影响也不同，同时，不同设备故障概率不同，显然基于资产分摊原则不利于真实反映项目的实际经营成本；二是目前的融资模式为省公司统贷统还，无法分割具体的资本金和贷款到配电网工程，其对于工程财务费用的识别，并最终反映到效益的计算结果亦有所影响。因此，电网公司目前统一的财务核算体系，导致工程费用识别难度大，目前的费用分摊方法也亟待完善。

4. 配电网工程的综合性，导致后评价工作难度提升

配电网工程具有项目数量多、投资小、建设功能不一等特点，从其规划建设到投产运营，部门（单位）涉及规划、前期、计划、建设、财务、市场、调度、生产、物资、设计单位、施工单位、监理单位等；专业涉及规划、设计、工程管理、技经、财务、调度、运检等；内容涉及项目实施过程评价、项目实施效果评价、项目实施效益评价、项目环境影响评价、项目社会影响评价、项目可持续性评价等，评价时还需结合配电网工程项目自身的独特性，如对配电网工程的评价是在特定的环境下评价，而且该环境是动态的；对配电网建设项目影响的评价需要从宏观角度考察项目的存在对技术、社会、经济、环境等多个方面带来的贡献以及影响，只有符合宏观的经济政策才可以保证项目效益的充分发挥；方法涉及对比分析法、逻辑框架法等，配电网工程的综合性，也决定了现有的后评价方法应该向多元化发展，如采用综合评价方法，在建设项目的各个部分、各阶段、各层次评价的基础上，谋求建设项目的整体优化，而不是谋求某一项指标或几项指标的最优值。因此，可以说，后评价是一项综合性很强的系统工程，综合涉及电网公司各个部门、多个参建单位的沟通协调，评价内容具有广泛性和复杂性，涉及经济、社会以及环境等各个方面，评价方法

向多元化的综合评价方法发展。在后评价日益成为支撑电网投资精准决策的重要工具方法的过程中，后评价工作的难度也随之提升。

5. 现行后评价管理模式，导致后评价取费灵活性不足

目前各网省公司均制定有一套较为成熟完善的后评价管理办法，包含后评价大纲、指标体系等，部分网省公司根据评价项目的电压等级或重要程度，区分重点格式和一般格式模板，各电压等级电网工程套用相应的后评价模板。在执行过程中，有时项目单位还会要求按一般格式模板编制的项目按重点格式模板编制，同时在规定的后评价内容和深度的基础上，结合项目具体特点，创新评价重点内容和评价方法。目前的后评价费用基于评价项目的建筑安装工程费按不同电压等级工程的费率取费，并未区分重点格式和一般格式评价费用，也并未考量无论是多大的工程投资，其后评价涉及的内容和深度相差无异。后评价工作费用后评价工作内容密切相关，建议后评价费用的确定应根据后评价工作定位、后评价深度的不同有所区分，根据项目的特点，区分重点格式和一般格式编制，而按重点格式编制后评价报告与一般格式编制后评价报告费用也应有所差别，灵活合理地确定后评价费用。参照行业内其他类咨询项目，设置分类别、分定位、分深度的项目后评价费用下限，明确范围工作，使后评价费用能够涵盖咨询单位工作成本，提高咨询单位工作积极性。

第二章

后 评 价 方 法 论

后评价方法是开展后评价的理论工具，其基础理论是现代系统工程与反馈控制的管理理论。项目后评价的具体方法很多，常用方法主要有调查收资方法、市场预测方法、对比分析方法和综合评价方法。调查收资方法是采集对比信息资料的主要方法，包括现场调查和问卷调查等，是开展项目后评价的最基础方法。市场预测方法是对影响市场供求变化的诸因素进行调查研究，分析和预见其发展趋势，掌握市场供求变化的规律，以为经营决策提供可靠的依据。对比分析方法包括前后对比、有无对比和横向对比，其主要是根据后评价调查得到的项目实际情况，对照项目立项时所确定的直接目标和宏观目标，以及其他指标，找出偏差和变化，分析原因，得出评价结论和经验教训。综合评价方法，是对项目多目标、多属性、多维度的综合评价，主要方法有项目成功度评价和多属性综合评价方法。除上述常用方法外，也可根据项目类型特点和评价重点，具体选用其他科学的评价方法，以达到支撑评价的目的。

第一节　调 查 收 资 方 法

1. 方法综述

调查收集资料和数据采集的方法很多，有资料收集法、现场观察法、访谈法、专题调查会、问卷调查、抽样调查等。一般视工程项目的具体情况，后评价的具体要求和资料收集的难易程度，选用适宜的方法。在条件许可时，往往采用多种方法对同一调查内容相互验证，以提高调查成果的可信度和准确性。

工程收资是项目后评价的重要基础工作，有时需要多次收资并对资料的完整性和准确性进行确认。工程后评价工作方案确定后，根据工程项目特点制定工程资料收集表，在现场收资期间需要逐条确认。

2. 资料搜集法

资料搜集法是一种通过搜集各种有关经济、技术、社会及环境资料，选择其中对后评价有用的相关信息的方法。就配电网项目后评价而言，工程规划、前期资料以及报批文件、工程建设资料、工程招投标文件、监理报告、工程竣工验收资料，运行资料和相关财务数据等等都是后评价工作的重要基础资料。

3. 现场观察法

通常，后评价人员应到项目现场实际考察，例如对比相关数据与生产月报是否相符等等，从而发现实际问题，客观地反映项目实际情况。

4. 访谈法

通过访员和受访人面对面地交谈来了解受访人的心理和行为的心理学基本研究方法之一。访谈以一人对一人为主，但也可以在集体中进行。访谈也是一种直接调查方法，有助于了解工程涉及的较敏感的经济、技术、环境、社会、文化、政治等方面的问题。更重要的是直接了解访谈对象的观点、态度、意见、情绪等方面的信息。例如，对于配电网工程社会影响和社会公平等的调查可以采用访谈法。

5. 专题调查会法

针对后评价过程中发现的重大问题，邀请有关人员共同研讨，揭示矛盾，分析原因。要事先通知会议的内容，提出探讨的问题。各个部门的人员在会上从不同角度分析产生问题的原因，从而有助于项目后评价人员了解到从其他途径很难得到的信息。例如，对于建设过程中的一些重大安全事故和质量事故，运行过程中的非计划停电等故障可以采用专题调查会方法。

6. 问卷调查法

问卷调查法亦称"书面调查法"，或称"填表法"。用书面形式间接搜集研究材料的一种调查手段。通过向调查者发出简明扼要的征询单（表），请示填写对有关问题的意见和建议来间接获得材料和信息的一种方法，要求全体被调查者按事先设计好的意见征询表中的问题和格式回答所有同样的问题，是一种标准化调查。问卷调查所获得的资料信息易于定量，便于对比。

第二节　市场预测方法

1. 方法综述

所谓市场预测，就是运用科学的方法，对影响市场供求变化的诸因素进行调查研究，分析和预见其发展趋势，掌握市场供求变化的规律，为经营决策提供可靠的依据。在配电网项目后评价工作中，我们需要对影响项目可持续性的宏观经济形势，区域电力负荷预测（短期和中长期预测），其他发电行业的发展趋势等因素做出科学准确的预测，把握经济发展或者未来市场变化的有关动态，减少未来的不确定性，降低决策可能遇到的风险，使决策目标得以顺利实现。

经济预测的方法一般可以分为定性预测和定量预测两大类。

2. 定性预测法

定性预测法也称为直观判断法，是市场预测中经常使用的方法。定性预测主要依靠预测人员所掌握的信息、经验和综合判断能力，预测市场未来的状况和发展趋势。这类预测方法简单易行，特别适用于那些难以获取全面的资料进行统计分析的问题。因此，定性预测方法在市场预测中得到广泛的应用。定性预测方法包括专家会议法、德尔菲法、意见汇集法、顾客需求意向调查法。

3. 定量预测法

定量预测是利用比较完备的历史资料，运用数学模型和计量方法，来预测未来的市场需求。定量预测基本上分为两类，一类是时间序列模式，另一类是因果关系模式。定量预测的方法很多，主要有以下两种：

（1）趋势外推法。用过去和现在的资料推断未来的状态，多用于中、短期预测。有时间序列的趋向线分析和分解法，指数平滑法，鲍克斯-詹金斯模型，贝叶斯模型等。

（2）因果和结构法。通过找出事物变化的原因及因果关系，预测未来。有回归分析——一元线性回归方程模型和联立方程模型、模拟模型、投入产出模型、相互影响分析等。

第三节 对比分析方法

1. 方法综述

数据或指标对比是后评价分析的主要方法，常用于单一指标的比较。根据是否量化，对比分析可分为定量分析和定性分析两种。根据对比方式的不同，对比分析包括有无对比分析、前后对比分析和横向对比分析等。

在项目后评价中，宜采用定量分析和定性分析相结合，以定量计算为主，定性分析为补充的分析方法。与定量计算一样，定性分析也要在可比的基础上进行"设计效果"与"实际效果"对比分析和"有工程"与"无工程"的对比分析。

2. 量化维度对比分析法

（1）定量分析法。

定量分析法是指运用现代数学方法对有关的数据资料进行加工处理，据以建立能够反映有关变量之间规律性联系的各类预测模型的方法体系。各项生产指标，经济效益、社会影响、环境评价方面，凡是能够采用定量数字或定量指标表示其效果的方法，统称为定量分析法。

（2）定性分析法。

定性分析法亦称"非数量分析法"。主要依靠预测人员的丰富实践经验以及主观的判断和分析能力，推断出事物的性质、优劣和发展趋势的分析方法。这类方法主要适用于一些没有或不具备完整的历史资料和数据的事项。在配电网后评价中，有些指标例如宏观经济态势、管理水平、宗教影响、拆迁移民影响等指标一般很难定量计算，只能进行定性分析。

3. 方式维度对比分析法

对比法是后评价的主要分析方法，也叫比较分析法，是通过实际数与基数的对比来提示实际数与基数之间的差异，借以了解经济活动的成绩和问题的一种分析方法。对比分析方法有"有无对比分析""前后对比分析"和"横向对比分析"。

（1）有无对比法。

有无对比法是通过比较有无项目两种情况下项目的投入物和产出物可获量的差异，识别项目的增量费用和效益。其中"有""无"是指"未建项目"和"已建项目"，有无对比的目的是度量"不建项目"与"建设项目"之间的变化。通过有无对比分析，可以确定项目建设带来的经济、技术、社会及环境变化，即项目真实的经济效益、社会和环境效益的总体情况，从而判断该项目对经济、技术、社会、环境的作用和影响。对比的重点是要分清项目的作用和影响与项目以外因素的作用和影响。对比分析法的关键，是要求投入的代价与产出的效果口径一致，亦即所度量的效果要真正归因于项目。

（2）前后对比法。

前后对比法是项目实施前后相关指标的对比，用以直接估量项目实施的相对成效。一般情况下，前后对比是指将项目实施之前与完成之后的环境条件以及目标加以对比，以确定项目的作用与效益的一种对比方法。在项目后评价中，则是指将项目前期的可行性研究和评估等建设前期文件对于技术、经济、环境以及管理等方面的预测结论与项目的实际运行结果相比较，以发现变化和分析原因。例如项目可研阶段编制投资估算，工程竣工后需要根据实际编制财务决算报告，这两组数据一个是建设前的估算数据，一个是建设后的实际数据，这种对比用于揭示计划，决策和实施的质量，是项目过程评价应遵循的原则。对于配电网项目，外部经济环境、自然环境、市场竞争环境、技术环境以及人力资源环境在项目建设前后都会发生变化，都会直接或间接影响项目的输出效果，因此，前后对比法作为有无对比法的辅助分析方法，有利于反映项目建设的真实效果与预期效果的差距，有利于进一步分析变化的原因，提出相应的对策和建议。

（3）横向对比法。

横向对比法是指同一行业内类似项目相关指标的对比，用以评价企业（项目）的绩效或竞争力，横向对比一般包括标准对比和水平对比。标准对比是指项目建设和运行数据是否符合行业标准和国家标准，是否符合国家或行业行政审批、环境保护等政策、法规和标准。水平对比主要是为了更好的评价项目的技术先进性，需要与相同电压等级或容量等相类似工程的技术、经济、环境和管理等方面的指标进行对比，例如负载率、容载比、线损率、功率因数、电压合格率、投资结余率、线路跳闸率、变压器非停频次、安全事故频次等等，除了需要进行行业对比外，还应与国际先进指标对比，发现差距和不足，提出进一步改进的措施。

第四节　综合评价方法

1. 方法综述

项目后评价在对经济、社会、环境效益和影响进行定量与定性分析评价后，还需进行综合评价，求得工程的综合效益，从而确定工程的经济、技术、社会、环境总体效益的实现程度和对工程所在地的经济、技术、社会及环境影响程度，得出后评价结论。项目后评价的综合评价方法有项目成功度评价和多属性综合评价方法。

成功度法是后评价的常用的综合评价方法，项目成功度评价是指依靠评价专家的经验，综合后评价各项指标的评价结果；或者用打分的方法，对项目的成功度作出定性结论。后评价根据项目实际情况，在判定项目成功度时，对于指标赋权和多属性综合评判常用的方法有层次分析法、模糊综合评价方法和基于数据处理智能评价方法。

2. 项目成功度法

项目后评价需要对项目的总体成功度进行评价，即项目成功度评价。该方法需对照项目可行性报告和前评估所确定的目标和计划，分析项目实际实现结果与其差别，以评价项目目标的实现程度。在做项目成功度评价时，要十分注意项目原定目标合理性、可实现性以及条件环境变化带来的影响并进行分析，以便根据实际情况评价项目的成功度。

成功度评价是依靠评价专家或专家组的经验，对照项目立项阶段以及规划设计阶段所确定的目标和计划，综合各项指标的评价结果，对项目的成功程度做出定性的结论。成功度评价是以用逻辑框架法分析的项目目标的实现程度和经济效益分析等方法的评价结论为基础，以项目的目标和效益为核心，所进行的全面系统的评价。

成功度评价法的关键在于要根据专家的经验建立合理的指标体系，结合项目的实际情况，并采取适当的方法对各个指标进行赋权，对人的判断进行数量形式的表达和处理，也可以提升决策者对某类问题的主观判断前后有矛盾。常用的赋权法有主观经验赋权法、德尔菲法、两两对比法、环比评分法、层次分析法等。

（1）项目成功度的标准。

项目后评价的成功度可以根据项目的实现程度可定性的分为 5 个等级：完全成功、基本成功、部分成功、不成功、失败，见表 2-1。

表 2-1　　　　　　　　　　工程项目后评价成功度标准

评定等级	成功度	成功度标准	分值
A	成功	● 项目的各项目标都全面实现或超过； ● 相对成本而言，取得巨大的效益	80～100
B	基本成功	● 项目的大部分目标已经实现； ● 相对成本而言，达到了预期的效益和影响	60～79
C	部分成功	● 项目实现了原定的部分目标，相对成本而言，只取得了一定的效益和影响； ● 项目在产出、成本和时间进度上实现了项目原定的一部分目标，项目获投资超支过多或时间进度延误过长	40～59

评定等级	成功度	成功度标准	分值
D	不成功	● 项目在产出、成本和时间进度上只能实现原定的少部分目标； ● 按成本计算，项目效益很小或难以确定； ● 项目对社会发展没有或只有极小的积极作用或影响	20～39
E	失败	● 项目原定的各项目标基本上都没有实现； ● 项目效益为零或负值，对社会发展的作用和影响是消极或有害的，或项目被撤销、终止等	0～19

（2）项目成功度的测定。

项目成功度是通过成功度表来进行测定的，成功度表里设置了评价项目的主要指标。在评价具体项目的成功度时，不一定要测定所有的指标。评价者需要根据项目的类型和特点，确定表中的指标和项目相关程度，将它们分为"重要""次重要""不重要"三类，在表中第二栏（相关重要性）中填注。一般对"不重要"的指标不用测定，只需测定重要和次重要的指标，根据项目具体情况，一般项目实际测定的指标选在 10 项左右。

在测定指标时采用评分制，可以按照上述评定标准的第 1～5 的五个级别分别用 A、B、C、D、E 表示。通过指标重要性分析和各单项成功度的综合，可得到项目总的成功度指标，也用 A、B、C、D、E 表示，填入表的最底一行的"项目总评"栏内。

项目的成功度评价法使用的表格是根据项目后评价任务的目的与性质确定的，我国各个组织机构的表格各有不同，表 2-2 为国内比较典型的项目成功度评价分析表。

表 2-2　　　　　成 功 度 评 价 表

序号	评定项目指标	项目相关重要性	评定等级
1	宏观目标和产业政策		
2	决策及其程序		
3	布局与规模		
4	项目目标及市场		
5	设计与技术装备水平		
6	资源和建设条件		

序号	评定项目指标	项目相关重要性	评定等级
7	资金来源和融资		
8	项目进度及其控制		
9	项目质量及其控制		
10	项目投资及其控制		
11	项目经营		
12	机构和管理		
13	项目财务效益		
14	项目经济效益和影响		
15	社会和环境影响		
16	项目可持续性		
17	项目总评		

3. 多属性综合评价方法

综合评价要解决三方面的问题。首先是指标的择选和处理，即指标的筛选，指标的一致化和无量纲化，其次是指标的权重计算，第三是计算综合评价值。

综合评价是指对被评价对象所进行的客观、公正、合理的全面评价。如果把被评价对象视为系统的话，上述问题可抽象地表述为：在若干个（同类）系统中，如何确认哪个系统的运行（或发展）状况好，哪个系统的运行（或发展）状况差，这是一类常见的所谓综合判断问题，即多属性（或多指标）综合评价问题（the comprehensive evaluation problem）。对于有限多个方案的决策问题来说，综合评价是决策的前提，而正确的决策源于科学的综合评价。甚至可以这样说，没有（对各可行方案的）科学的综合评价，就没有正确的决策。因此，多属性综合评价的理论、方法在管理科学与工程领域中占有重要的地位，已成为经济管理、工业工程及决策等领域中不可缺少的重要内容，且有着重大的实用价值和广泛的应用前景，由此可见综合评价的重要性（特别是针对那些诸如候选人排队、重大企业方案的选优等问题，更是如此）。

一般来说，构成综合评价问题的要素有：

（1）被评价对象。同一类被评价对象的个数要大于 1，可以假定被评价的对象或系统分别计为 $s_1, s_2 \ldots s_n$（$n > 1$）。

（2）评价指标。各系统的运行（或发展）状况可用一个向量 x 表示，其中每一个分量都从某一个侧面反映系统的现状，故称 x 为系统的状态向量，它构成了评价系统运行状况的指标体系。每个评价指标都是从不同的侧面刻画系统所具有某种特征大小的度量。评价指标体系的建立，要视具体评价问题而定，这是毫无疑问的。但一般来说，在建立评价指标体系时，应遵守的原则是：系统性；科学性；可比性；可测取（或可观测）性；相互独立性。不失一般性，设有加项评价指标并依次记为 $x_1, x_2 \ldots x_m$（$m > 1$）。

（3）权重系数。相对于某种评价目的来说，评价指标之间的相对重要性是不同的。评价指标之间的这种相对重要性的大小，可用权重系数来刻画。即权重系数确定的合理与否，关系到综合评价结果的可信程度。

（4）综合评价模型。所谓多指标（或多属性）综合评价，就是指通过一定的数学模型（或算法）将多个评价指标值"合成"为一个整体性的综合评价值。在获得 n 个系统的评价指标值 $\{x_{ij}\}(i=1,2,\ldots,n; j=1,2,\ldots m)$ 构造的评价函数通常表示为：

$$y = f(\omega, x) \tag{2-1}$$

式中：$\omega = (\omega_1, \omega_2, \ldots, \omega_m)^\tau$ 为指标权重向量，$x = (x_1, x_2, \ldots, x_m)^\tau$ 为系统的状态向量。

由（2-1）式可求出各系统的综合评价值 $y_i = f(w, x_i)$，$x_i = (x_{i1}, x_{i2}, \ldots, x_{im})^\tau$ 为第 i 个系统的状态向量（$i=1, 2, \ldots, n$），并根据 y_i 值的大小（或由小到大或由大到小）将这 n 个系统进行排序或分类。

（1）常用的评价指标的处理方法。

可持续发展的评价指标可以分为两大类，即定性指标和定量指标。其中，定性指标是难以量化的指标，例如，政治经济环境、企业管理水平、企业的文化影响等指标，难以进行量化比较或测量。对于定量指标，由于量纲不同，很难建立统一的评价标准，需要进行无量纲化使各个指标能在一个统一的平台上进行计算。

1）定性指标的量化。在可持续发展的指标中有一些是定性指标，需要量化，量化有许多方法，常用的是采用模糊综合评判来进行无量纲化，模糊综合评价原理如下。

对于难以用精确的语言表述的指标，可以应用模糊综合评价，假设用因素集 $U = (u_1, u_2, \ldots, u_n)$ 来刻画事物，从每个因素的角度对该事物可得到一个评价，用 $V = (v_1, v_2, \ldots, v_m)$ 表示，它们的元素个数和名称均可根据实际问

题由人们主观规定。对每个 u_i 进行综合评判，构造判断矩阵

$$R = \begin{bmatrix} r_{11} & r_{12} & \cdots & r_{1m} \\ r_{21} & r_{22} & \cdots & r_{2m} \\ \vdots & \vdots & \vdots & \vdots \\ r_{n1} & r_{n2} & \cdots & r_{nm} \end{bmatrix} \tag{2-2}$$

确定各指标的权重集：A=（a_1, a_2, …, a_n），因为对于 m 种评价是不确定的，所以综合评判应是 V 上的一个模糊子集：B1=AoR=（b_{11}, b_{12}, …, b_{1m}），对 B 进行归一化处理，得到 B2=（b_{21}, b_{22}, …, b_{2m}），其中

$$b_{2j} = \frac{b_{1j}}{\sum\limits_{j=1}^{m} b_{1j}} \tag{2-3}$$

此结果为一向量，它反映了评价对象在 $v_1, v_2, \cdots, v_m$ 上的隶属度，为了得到总目标的综合评价，往往要将向量化为点值，如采用模糊向量单值化方法，给每种等级赋以分值，将其用 1 分制数量化，然后用 B 中对应的隶属度将分值加权平均，获得点值。一般地，定量指标的量化为避免主观判断所引起的失误，增加定性指标的准确性可采用语义差别隶属度赋值方法，将定性指标分成 1～5 个档次：很好，较好，一般，较差，很差，并对每个档次内容所反映指标的趋向程度提出明确、具体的要求，建立各档次与隶属度之间的对应关系。根据对应关系将指标评价值定为 100、90、75、60、40 五等。

2）指标的一致化。对于极小型指标，令

$$x'_{ijk} = M_{ij} - x_{ijk} \tag{2-4}$$

对于居中型指标，令

$$x'_{ij} = \begin{cases} \dfrac{2(x_{ij} - m_{ij})}{M_{ij} - m_{ij}}, \text{if } m_{ij} \leqslant x_{ij} \leqslant \dfrac{M_{ij} + m_{ij}}{2} \\ \dfrac{2(M_{ij} - x_{ij})}{M_{ij} - m_{ij}}, \text{if } \dfrac{M_{ij} + m_{ij}}{2} \leqslant x_{ij} \leqslant M_{ij} \end{cases} \tag{2-5}$$

其中，i 和 j 代表指标的阶数，x_{ij} 为测量值，M_{ij}、m_{ij} 分别为指标的允许上下限或测量样本的极大值和极小值，x'_{ij} 为 x_{ij} 一致化的结果。

3）指标的无量纲化。测量指标 $x_1, x_2, \cdots, x_m$ 之间由于单位或量级的不同而存在着不公度性，需要对评价指标作无量纲化处理。无量纲化，也叫做指标数据

的标准化、规范化。它是通过数学变换来消除原始指标单位影响的方法。常用的方法有"标准化法""极值处理法""功效系数法"。

① 标准化法。即取

$$x_{ij}^* = \frac{x_{xj} - \overline{x}_j}{s_j} \qquad (2\text{-}6)$$

显然 x_{ij}^* 的（样本）平均值和（样本）均方差分别为 0 和 1，x_{ij}^* 称为标准观测值。式中 $\overline{x}_j$，s_j（j=1，2，…，m）分别为第 j 项指标观测值的（样本）平均值和（样本）均方差。

② 极值处理法。如果令 $M_j = \max_i\{x_{xj}\}, m_j = \min_i\{x_{xj}\}$,则有

$$x_{ij}^* = \frac{x_{xj} - m_j}{M_j - m_j} \qquad (2\text{-}7)$$

x_{ij}^* 是无量纲的，且 $x_{ij}^* \in [0,1]$。

③ 功效系数法。采用功效系数法对指标进行无量纲化。

$$x_{ij}^* = c + \frac{x_{ij} - m_{ij}}{M_{ij} - m_{ij}} \times d，\ 通常\ c=60，d=40 \qquad (2\text{-}8)$$

式中：x_{ij}^* 为 x_{ij} 无量纲化结果。

对于指标的一致化本文采用了极值处理法。

④ 无量纲化方法的选择原则。在计算中发现，不同的无量纲化方法得到的对相同的评价样本排序，评价结果是不同的；同时一致化和无量纲化的顺序变化也会对评价结果造成影响，那么怎样才是正确的结果呢。这里仅给出选择无量纲方法的原则：在评价模型、评价指标的权重系数、指标类型的一致化方法都已取定的情况下，应选择能尽量体现被评价对象 $y_{1,}y_{2,}...y_n$，离差平方和 $\sum_{i=1}^{n}(y_i - \overline{y})^2$ 最大的无量纲化方法。

（2）多层次指标权重的计算。

目前国内外提出的综合评价方法已有几十种之多，在后评价工作中，例如项目的成功度评价，项目可持续性评价以及社会影响评价，都属于多属性综合评价问题，其关键是确定评价指标的权重。权重的确定方法总体上可归为三大类：主观赋权评价法、客观赋权评价法和智能算法。主观赋权多是采取定性的

方法，有专家根据经验进行主观判断而得到权数，包括层次分析法，模糊综合评判法等；客观赋权法是根据指标之间的相关关系和各项指标的变异系数来确定权数，包括灰色关联度法、TOPSIS 法、主成分分析法等；智能算法是通过智能评价模型可以有效模拟专家和以往的经验，从而得到合理的评价结果。

客观赋权评价法中：TOPSIS 评价法，在基于归一化后的原始矩阵中，找出有限方案中的最优方案和最劣方案（分别用最优向量和最劣向量表示），然后分别计算出评价对象与最优方案和最劣方案间的距离，获得该评价对象与最优方案的相对接近程度，以此作为评价优劣的依据，其缺点同样不能解决评价指标间相关造成的评价信息重复问题；灰色关联度分析法，其基本原理：灰色关联度分析法认为若干个统计数列所构成的各条曲线几何形状越接近，即各条曲线越平行，则它们的变化趋势越接近，其关联度就越大，因此，可利用各方案与最优方案之间关联度的大小对评价对象进行比较、排序。该方法首先是求各个方案与由最佳指标组成的理想方案的关联系数矩阵，由关联系数矩阵得到关联度，再按关联度的大小进行排序、分析，得出结论。灰色关联度综合评价法计算简单，通俗易懂，数据不必进行归一化处理用原始数据进行直接计算，并且其无需大量样本，也不需要经典的分布规律，只要有代表性的少量样本即可，但是该方法不能解决评价指标间相关造成的评价信息重复问题，因而指标的选择对评判结果影响很大；主成分分析法，该方法是利用降维的思想，把多指标转化为几个综合指标的多元统计分析方法。其基本原理：主成分分析是一种数学变换的方法，它把给定的一组相关变量通过线性变换转成另一组不相关的变量，这些新的变量按照方差依次递减的顺序排列。在数学变换中保持变量的总方差不变，使第一变量具有最大的方差，称为第一主成分，第二变量的方差次大，并且和第一变量不相关，称为第二主成分，依次类推，K 个变量就有 K 个主成分。通过主成分分析方法，可以根据专业知识和指标所反映的独特含义对提取的主成分因子给予新的命名，从而得到合理的解释性变量。在主成分分析法中，各综合因子的权重不是人为确定的，而是根据综合因子的贡献率的大小确定的。这就克服某些评价方法中人为确定权数的缺陷，使得综合评价结果唯一，而且客观合理，但是该方法假设指标之间的关系都为线性关系，在实际应用时，若指标之间的关系并非为线性关系，那么就有可能导致评价结果的偏差。

还有一种是以神经网络为代表的人工智能方法，包括基于支持向量机的综合评价、基于小波神经网络综合评价方法等等。这类评价方法的优点在于可以有效处理非线性影射问题，可以通过机器学习的过程模拟专家或以往的评价经验。通过对给定样本模式的学习，获取评价专家的经验、知识、主观判断及对目标重要性的倾向。当需要对有关评价对象做出综合评价时，该方法便可再现评价专家的经验、知识和直觉思维。智能评价法既能充分考虑评价专家的经验和直觉思维模式，又能降低综合评价过程中人为的不确定因素；既具备综合评价方法的规范性，又能体现出较高的问题求解效率，也较好地保证了评价结果的客观性，是目前一种较为先进的综合评价方法。

下面介绍项目后评价综合评价中最常用的两种评价方法：层次分析法和模糊综合评价方法。

1）层次分析法。20世纪70年代美国著名运筹学家萨蒂提出了一种多目标、多准则的决策方法——层次分析法。它能将一些量化困难的定性问题在严格数学运算基础上定量化；将一些定量、定性混杂的问题综合为统一整体进行综合分析。特别是这种方法在解决问题时，可对定性、定量之间转换、综合计算等解决问题过程中人们所作判断的一致性程度等问题进行科学检验。

在多指标评判中，既可用层次分析法对评价指标体系的多层次、多因子进行分析排序以确定其重要程度，又能对复杂系统进行综合评判，还可以用于多目标、多层次、多因素的决策问题。

① 构建可持续发展指标体系的递阶层次结构。递阶层次结构就是在一个具有 H 层结构的系统中，其第一层只有一个元素，各层次元素仅属于某一层次，且结构中的每一元素至少与该元素的上层或下层某一元素有某种支配关系，而属于同一层的各元素间以及不相邻两层元素间不存在直接的关系。

在任何一个综合指标体系中，由于所设置指标承载信息的类型不同，各指标子系统以及具体指标项在描述某一社会现象或社会状况过程中所起作用程度也不同，因此，综合指标值并不等于各分指标简单相加，而是一种加权求和的关系，即

$$S = \sum_{i=1}^{n} w_i f_i(I_i) \qquad i=1, 2, \ldots, n \qquad (2-9)$$

式中：$f_i(I_i)$ 为指标 I_i 的某种度量（指标测量值）；

w_i 为各指标权重值，满足 $\sum_{i=1}^{n} w_i = 1$，$0 \leq w_i \leq 1$。下述层次分析法的有关运算过程主要是针对如何科学、客观地求取递阶层次结构综合指标体系的权重值

32

展开。

② 基于层次分析法的评级指标权重确定。

根据影响评价对象的主要因素，建立系统的递阶层次结构以后，需要运用层次分析法确定各评级指标的权重，大体可分为四个步骤进行：

以上一层次某因素为准，它对下一层次诸因素有支配关系，两两比较下一层次诸因素对它的相对重要性，并赋予一定分值，一般采用萨蒂教授提出的 1～9 标度法，见表 2–3。

表 2–3   标 度 的 含 义

标度	含 义
1	表示两个元素相比，具有同样重要性
3	表示两个元素相比，前者比后者稍微重要
5	表示两个元素相比，前者比后者明显重要
7	表示两个元素相比，前者比后者强烈重要
9	表示两个元素相比，前者比后者极端重要
2，4，6，8	表示上述相邻判断的中间值
上述值的倒数	若元素 i 与元素 j 的重要性之比为 a_{ij}，那么元素 j 与元素 i 重要性之比为 $a_{ji}=1/a_{ij}$

由判断矩阵计算被比较元素对于该准则的相对权重。

依据判断矩阵求解各层次指标子系统或指标项的相对权重问题，在数学上也就是计算判断矩阵最大特征根及其对应的特征向量问题。以判断矩阵 H 为例，即

$$HW = \lambda W \qquad (2\text{–}10)$$

式中：H 为判断矩阵；λ 为特征根；W 为特征向量，解出 max（λ）及对应的 W。将 max（λ）所对应的最大特征向量归一化，就得到下一层相对于上一层的相对重要性的权重值。

由于判断矩阵是人为赋予的，故需进行一致性检验，即评价矩阵的可靠性。对判断矩阵的一致性检验的步骤如下：

萨蒂在 AHP 中引用判断矩阵最大特征根以外其余特征根的负平均值，作为度量人们在建立判断矩阵过程中所作的所有两两比较判断偏离一致性程度的指标 CI（consistency index）。

$$CI = \frac{\lambda_{\max} - n}{n-1} \qquad (2-11)$$

式中：n 为判断矩阵阶数；$\lambda_{\max}$ 为判断矩阵最大特征根。判断矩阵一致性程度越高，CI 值越小。当 $CI=0$ 时，判断矩阵达到完全一致。根据式（2-11）可以把一系列定性问题定量化过程中认知判断的不一致性程度用定量的方式予以描述，实现了思维判断的准确性、一致性等问题的检验。

在建立判断矩阵过程中，思维判断的不一致只是影响判断矩阵一致性的原因之一，用 1~9 比例标度作为两两因子比较的结果也是引起判断矩阵偏离一致性的另一个原因，且随着矩阵阶数的提高，所建立的判断矩阵越难趋于完全一致。这样对于不同阶数的判断矩阵，仅仅根据 CI 值来设定一个可接受的不一致性标准是不妥当的。为了得到一个对不同阶数判断矩阵均适用的一致性检验临界值，就必须消除矩阵阶数的影响。因此，萨蒂在进一步研究的基础上，提出用与阶数无关的平均随机一致性指标 RI 来修正 CI 值，用一致性比例 $CR=CI/RI$ 代替一致性偏离程度指标 CI，作为判断矩阵一致性的检验标准。

RI 值是用于消除由矩阵阶数影响所造成的判断矩阵不一致的修正系数。数值见表 2-4。

表 2-4   1~10 阶判断矩阵 RI 值

阶数	1	2	3	4	5	6	7	8	9	10
RI	0.00	0.00	0.58	0.90	1.12	1.24	1.32	1.41	1.45	1.49

在通常情况下，对于 $n \geqslant 3$ 阶的判断矩阵，当 $CR \leqslant 0.1$ 时，就认为判断矩阵具有可接受的一致性。否则，当 $CR \geqslant 0.1$ 时，说明判断矩阵偏离一致性程度过大，必须对判断矩阵进行必要的调整，使之具有满意的一致性为止。

AHP 中，对于所建立的每一判断矩阵都必须进行一致性比例检验。这一过程是保证最终评价结果正确的前提。

当 $CR < 0.1$ 时，认为判断矩阵的一致性是可以接受的，否则应对判断矩阵做适当修正。

计算各层因素对系统的组合权重，并进行排序。

前面已阐明，可持续发展指标体系的综合计量值为

$$S = \sum_{i=1}^{n} w_i f_i(I_i) \qquad i=1, 2, \ldots, n \qquad (2-12)$$

它是指标体系最末层各具体指标项相对于最高层 A 的组合权重值。而由各判断矩阵求得的权重值，是各层次指标子系统或指标项相对于其上层某一因素的分离权重值。因此需要将这些分离权重值组合为各具体指标项相对于最高层的组合权重值。组合权重计算公式为：

$$w_i = \prod_{j=1}^{k} w_j \qquad (2-13)$$

式中：为第 i 个指标第 j 层的权重值；k 为总层数。

每个判断矩阵一致性检验通过并不等于整个递阶层次结构所做判断具有整体满意的一致性。因此还要进行整体一致性检验。

2）模糊综合评判。模糊综合评价是通过构造等级模糊子集把反映被评事物的模糊指标进行量化即确定隶属度，然后利用模糊变换原理对各指标综合，一般需要按以下步骤进行：

首先，确定评价对象的因素论域。

$$U = \{u_1, u_2, \cdots, u_p\} \qquad (2-14)$$

也就是 p 个评价指标。

其次，确定评语等级论域

$$V = \{v_1, v_2, \cdots, v_m\} \qquad (2-15)$$

即等级集合，每一个等级对应一个模糊子集。

再次，进行单因素评价，建立模糊关系矩阵 R。

在构造了等级模糊子集后，就要逐个对被评事物从每个因素 $u_i (i=1,2,\cdots,p)$ 上进行量化，也就是确定从单因素来看被评事物对各等级模糊子集的隶属度，进而得到模糊关系矩阵

$$R = \begin{pmatrix} r_{11} & r_{12} & \cdots & r_{1m} \\ r_{21} & r_{22} & \cdots & r_{2m} \\ \cdots & \cdots & \cdots & \cdots \\ r_{p1} & r_{p2} & \cdots & r_{pm} \end{pmatrix}_{p \times m} \qquad (2-16)$$

矩阵 R 中元素 r_{ij} 表示某个被评事物的因素 u_i 对 v_j 等级模糊子集的隶属度。

然后，确定评价因素的模糊权向量 $A = (a_1, a_2, \cdots, a_p)$。

一般情况下，p 个评价因素对被评事物并非是同等重要的，各单方面因素

的表现对总体表现的影响也是不同的，因此在合成之前要确定模糊权向量。

继续利用合适的合成算子将 A 与各被评事物的 R 合成得到各被评事物的模糊综合评价结果向量 B。

R 中不同的行反映了某个被评价事物从不同的单因素来看对各等级模糊子集的隶属程度。用模糊权向量 A 将不同的行进行综合就可得该被评事物从总体上来看对各等级模糊子集的隶属程度，即模糊综合评价结果向量 B。模糊综合评价的模型为

$$AR = (a_1, a_2, \cdots, a_p) \begin{pmatrix} r_{11} & r_{12} & \cdots & r_{1m} \\ r_{21} & r_{22} & \cdots & r_{2m} \\ \cdots & \cdots & \cdots & \cdots \\ r_{p1} & r_{p2} & \cdots & r_{pm} \end{pmatrix} = (b_1, b_2, \cdots, b_m)B \qquad (2-17)$$

其中 b_j 是由 A 与 R 的第 j 列运算得到的，它表示被评事物从整体上看对 v_j 等级模糊子集的隶属程度。

最后对模糊综合评价结果向量进行检验并分析

每一个被评事物的模糊综合评价结果都表现为一个模糊向量，这与其他方法中每一个被评事物得到一个综合评价值是不同的，它包含了更丰富的信息。如果要进行排序，可以采用最大隶属度原则、加权平均原则或模糊向量单值化方法对评价结果向量进行排序对比。

第三章

后评价工作组织与管理

配电网工程后评价是一项系统性、复杂性工程，其评价的开展也是一个涉及面广、多阶段性的工作。配电网工程后评价工作的开展，有两个主要责任主体，一是后评价委托单位，即后评价工程项目单位（以下统称为"项目单位"），一是后评价咨询单位，通常为咨询单位（以下统称为"咨询单位"）。在咨询单位接受工作委托后，一般在委托同一年度出具评价成果，期间需要规划前期、投资计划、基建生产、财务营销等多个电网公司相关部门的密切配合，经历项目启动、报告编制、评审验收等多个阶段。清晰明确的工作组织流程，丰富多样的报告形式，切实有效的成果应用方式，能从后评价工作开展的角度，提升后评价报告质量，提高后评价组织与管理的科学化程度，从而实现"评有依据、评有计划、评有效果、改有方法"。

第一节 后评价工作组织流程

一、后评价工作流程

配电网工程后评价工作的开展，主要涉及项目立项、项目委托、项目启动、报告编制、评审验收和成果应用六个阶段。在不同阶段，两大责任主体的工作内容，围绕具体实施要求有所差异。

各阶段项目单位工作内容，主要包括：项目计划申报、下达年度计划、委托咨询机构、配合编制报告、验收评价报告和成果推广等。具体见图3-1。

各阶段咨询单位工作内容，主要包括：接受后评价委托任务、成立后评价项目组和制定工作计划、编制收资清单、召开启动会和收集资料、现场调研和座谈、编制报告和报告验收等环节。具体见图3-2。

各阶段项目单位与咨询单位的工作，虽有差异，但形成交互与互动，见图3-3。

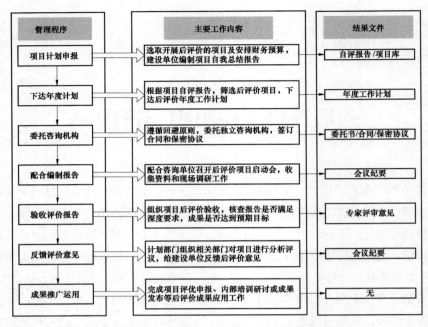

图 3-1 后评价项目单位常见组织管理流程

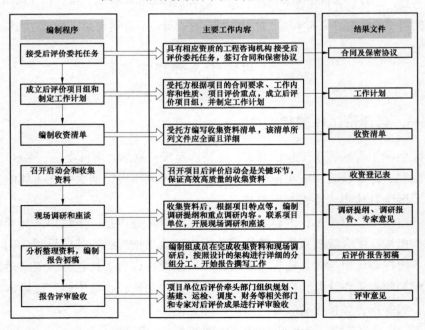

图 3-2 后评价咨询单位常见工作流程

电网基建工程项目后评价工作管理程序

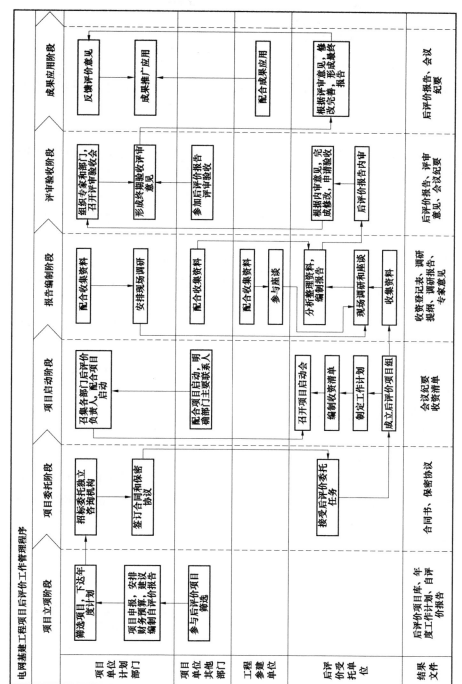

	项目立项阶段	项目委托阶段	项目启动阶段	报告编制阶段	评审验收阶段	成果应用阶段
项目单位计划部门	筛选项目，下达年度计划	招标委托独立咨询机构 签订合同和保密协议	召集各部门负责人，配合项目启动		组织专家和部门，召开评审验收会 形成终期验收评审意见	反馈评审意见 成果推广应用
项目单位其他部门	项目申报、安排财务预算，编制自评价报告		配合项目启动，明确部门主要联系人	配合收集资料 安排现场调研		
工程参建单位	参与后评价项目筛选			配合收集资料	参加后评价报告评审验收	配合成果应用
后评价委托单位		接受后评价任务	召开项目启动会 编制收资清单 制定工作计划 成立后评价项目组	配合收集资料 参与座谈 分析整理资料，编制报告 现场调研和座谈 收集资料	根据内审意见，完成修改，申请验收 后评价报告内审	根据评审意见，修改完善，形成最终报告
结果文件	后评价项目库、年度工作计划、自评价报告	合同书、保密协议	会议纪要 收资清单	收资登记表、调研提纲、调研报告、专家意见	后评价报告、评审意见、会议纪要	后评价报告、会议纪要

图 3-3　后评价工作流程图

二、后评价实施操作

1. 项目立项阶段

该阶段的责任主体是项目单位，项目单位按照国家、电网公司相关规定进行项目的选取，并立项。

（1）后评价项目选取范围。

为了保证后评价工作科学、公正和顺利的实施，入选后评价范围的配电网工程项目应该具备如下条件：

1）配电网工程项目建成投产，并运行 1 年以上；

2）项目完成决算审批及各项审计工作；具有完整的基础数据和资料。

（2）后评价项目选取原则。

项目单位筛选具体的后评价工程，主要原则如下：

1）某一年某地市（区或县）110kV 及以下或侧重于 10kV 及以下的配电网建设与改造项目；

2）某三年或一个规划期内某地市（区或县）110kV 及以下或侧重于 10kV 及以下的配电网建设与改造项目；

3）侧重于城市配电网建设改造或农网升级改造工程专项后评价；

4）侧重于投资评价的配电网工程投资评价；

5）增量配电网试点区域配电网投资项目后评价；

6）除上述以外其他具有代表性意义的配电网投资项目。

（3）开展自评工作。

为突出工程特点和存在的问题，项目建设单位可以先开展自评工作，编制《项目自我总结评价报告》，报告框架参考《项目后评价报告》格式并适当简化。该项工作非项目后评价工作的必须环节，项目单位可选择开展。

项目单位投资计划部门根据各所属单位提交的自评报告内容的重点和存在的问题筛选后评价项目，并下达后评价年度工作计划。

（4）经费安排及取费标准。

后评价所需经费在相应的工程中列支或列入建设单位年度财务预算，专款专用。

目前，电力行业内电网工程后评价费用确定，主要依据国家能源局发布的相关电网工程预算标准与计算标准，按工程类别的不同，有所区别。

《20kV 及以下配电网工程建设预算编制与计算标准》（2016 年版）中，项目后评价费在其他费用/项目建设技术服务费中列支，计算公式为：

$$项目后评价费 = （建筑工程费 + 安装工程费）\times 0.5\%\text{❶}$$

目前的后评价费用确定方式无下限相关标准，导致部分后评价项目根据定额取费方式测算出来的后评价项目费用低于咨询单位后评价工作开展成本费用，后评价工作要搭建与项目单位各职能部门、工程参建单位之间的沟通管理平台，协调工作量大，收资工作量大，深度要求高，过低的后评价项目费用将影响后评价收资的全面性，影响后评价报告评价深度，从而无法准确达到后评价立项初衷。

2. 项目委托阶段

该阶段的责任主体是项目单位，项目单位通过公开招标等方式选择独立咨询机构开展后评价工作，并签订委托合同。

（1）选择咨询机构。

后评价报告编制工作应委托有资质的独立咨询机构承担。选择咨询机构应遵循回避原则，即凡是承担项目可行性研究报告编制、评估、设计、监理、项目管理、工程建设等业务的机构不宜从事该项目的后评价工作。

（2）签订委托合同。

在确定后评价咨询机构后，双方签订后评价合同及保密协议。

合同中应该约定的内容（应包括但不限于）：后评价的内容和深度要求、资料的提供及协作事项、咨询团队的人员构成、合同履行期限、研究成果的提交和验收等内容。

保密协议中应该约定的内容（应包括但不限于）：保密信息及范围、双方权利及义务、违约责任、保密期限和争议解决等。

3. 项目启动阶段

该阶段的责任主体是咨询单位和项目单位。咨询单位接受项目单位后评价委托后，应根据项目的合同要求、工作内容和性质、项目评价重点等，充分考虑满足项目单位的质量和进度要求，成立后评价项目组，并制定详细的工作计划和收资清单，督促项目单位召开启动会。项目单位在启动会上明确各相关部门联系人，厘清收资清单的科学性和可行性。

---

❶　注　电缆工程的项目后评价费费率为 0.3%。

（1）成立后评价项目组。

咨询单位首先要确定一名项目负责人或项目经理，然后组建后评价项目组。项目组组建可采用如下图组织结构。

编制组成员要尽可能涵盖项目实施中所有专业，包括：规划、配电、技术经济等。专家组成员构成应分为内部专家及外聘专家，且不应是参与过此项目前评估或项目实施工作的人员，涵盖系统规划专业、配电设计、质检、调度、运检等相关专业方面专家。内部专家，即为咨询单位内部的专家，他们熟悉项目后评价过程和程序，了解后评价的目的和任务，便于项目后评价工作的顺利实施；外聘专家，即为咨询单位机构以外的独立咨询专家，具有丰富的特长及经验，可弥补咨询单位内部专业人员的不足，见图3-4。

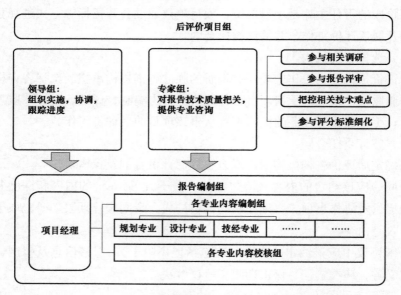

图3-4　后评价项目组组织结构图

（2）制定工作计划。

项目经理根据合同要求，主要是进度和成果要求，制定工作计划，并经项目组评审，以明确分工、落实责任。工作计划内容包括：项目计划进度、项目组成员分工、工作重点、质量目标、研究路线和方法。评审内容包括工作计划是否充分、技术路线是否可行、研究方法是否合理、研究内容是否完整。工作计划是后评价工作的龙头，编制要尽可能详尽，明确每一步工作计划的相关要求，以指导项目启动、现场调研、收集资料、编写报告和项目验收等工作。

（3）编制收资清单。

编制组成员根据工作计划分工以及原已完成类似项目或以往同一项目单位资料收集经验，编写收集资料清单，收资清单应说明拟收集资料的文件内容、提资部门和重要程度等，该清单所列文件应全面且详细，收资清单格式建议见表3-1。

表3-1 收 资 清 单 参 考 格 式

序号	文件	提资部门（参考）	备注
1	投资计划	投资计划相关部门	必须提供
2	规划总结报告	投资计划相关部门	如有请提供
…	…	…	…

项目经理根据各编制成员所列收资清单，修改补充完善，避免清单所列文件遗漏和重复，形成最终《××项目后评价收资清单》。

（4）召开启动会。

项目后评价最重要的基础工作为收集资料，收资能否顺利开展，决定了咨询单位能否按进度保质保量地完成后评价报告。为高效率地收集资料，召开项目后评价启动会是关键环节。

一方面，通过召开启动会，项目单位后评价工作牵头部门可以召集各部门后评价具体负责人，明确主要联系人，便于针对收资工作责任到人；另一方面，咨询单位可以通过启动会，和项目单位各部门建立联系，方便在后评价工作中沟通；第三，通过启动会，项目单位和咨询单位可以逐项落实收资清单文件和提资部门，同时确认提资的完成时间。

4. 报告编制阶段

该阶段的责任主体是咨询单位和项目单位。咨询单位开展资料收集、现场调研和座谈，编制后评价报告。项目单位各相关部门在报告编制阶段积极配合收资和调研，共同开展资料甄别及释疑工作。

（1）资料收集。

咨询单位编制组成员按照工作计划的要求开展有关信息、数据、资料的收集和整理等工作，填写收资登记表，具体格式见表3-2。

表 3–2   收 资 登 记 表

序号	资料编号	资料名称	提交时间	提交部门	提交人	接收人	是否需归还	资料形式
1								
2								
…	…	…	…	…	…	…	…	…

后评价编制组资料收集完成后，应对各种资料进行分类、整理和归并，去粗取精，去伪存真，总结升华，使资料具有合理性、准确性、完整性和可比性。同时，项目组需对资料进行全面认真分析，研究针对该项目的特点，根据项目单位委托要求和后评价工作的需要，项目经理组织专家组和编制组充分讨论，编制下一步现场调研的调研提纲和重点调研内容。

（2）现场调研和座谈。

咨询单位后评价项目经理需提前和项目单位后评价牵头部门负责人沟通现场调研时间，双方敲定调研具体时间后，咨询单位开具后评价调研函，主要内容应包括：调研日程安排、参建单位代表、项目单位相关部门代表、专家组人员名单、后评价调研提纲和重点调研内容、查阅的主要资料和核准的主要数据等。调研函应提前几周时间出具，以便项目单位有充分的时间准备现场调研材料和安排现场调研，保证现场调研工作质量和效率。

1）现场调研。根据后评价调研计划，开展现场调研工作。首先调研组听取项目建设单位的总体汇报。然后调研组分专业深入调研，查阅相关资料，对有疑问的数据进行核准；根据调研提纲，对前期收资过程中发现的问题与运行单位和建设单位进行讨论，在讨论过程中，调研组应安排专人做好会议纪要。对现场调研中难以解决和需要核准的数据，要进一步落实提供准确资料和数据的负责人、联系人和提交完善后的资料、数据的期限，保证在后评价报告编制过程中发现的问题及时有效沟通。

2）座谈。调研组可通过召开现场座谈会的方式，收集真实、完整的项目资料、数据和信息，通过与项目单位相关部门代表和参建单位代表（包括：设计单位、监理单位、施工单位、物资采购单位和调试单位）座谈，了解项目在决策、施工和验收等各个阶段的特殊点，以及需在项目评价过程中重点关注的内容。调研组通过现场座谈了解的一手信息，可以再进一步查看现场和查阅档案资料，就相关问题进行充分讨论，达成共识。

现场调研结束后，专家组成员根据调研大纲和重点调研建议，编制调研报告，作为后评价报告编写的重要依据，指导下一步编制组的报告编写工作。

（3）配合收资和调研。

在报告编制过程中，项目单位配合咨询单位完成收资工作和调研。具体各部门配合情况如下：

1）投资计划部门：投资计划部门是投资项目后评价工作实施的主体和负责部门，主要负责管理和协调电力公司下属各投资单位及所属投资项目后评价工作的组织实施、落实安排相关机构与人员和投资项目后评价报告的审核。

2）建设部门：建设部门主要负责提供所辖工程项目的工程设计资料和竣工验收资料，其中竣工验收资料包含项目建设进度、安全、质量、技术、造价管理等内容。

3）生产部门：生产部门主要负责提出项目生产运行和主要经济技术指标的评价意见。

4）财务部门：财务部门主要负责提供资金支付情况报告或项目竣工决算报告等相关资料，负责审查经济效益分析报告，负责调整产权单位的年度考核指标。

5）审计部门：审计部主要负责提供项目决算审计结算报告相关资料。

6）监察部门：监察部门主要负责安全过程管理和实施效果的验收评价资料的提供。

7）其他部门：其他各相关管理部门、各所属单位等根据实际需要参与投资项目后评价。

（4）编制报告。

咨询单位编制组成员在完成收集资料和现场调研后，按照设计的架构进行详细的分组分工，开始报告撰写工作。项目组成员需深入挖掘资料内容，力争能够全面、真实、深刻地反映项目投资决策，发现问题，查找原因，寻求对策，做好各项分析研究工作。针对评价项目的实施情况，运用前后对比法、有无对比法和逻辑框架法等后评价方法，通过对照项目立项时所确定的直接目标和宏观目标，以及其他指标，对比项目周期内实施项目的结果及其带来的影响与无项目时可能发生的情况，找出偏差和变化，以度量项目的真实效益、影响和作用，对项目的决策、实施、运行、目标实现程度及项目的可持续性等进行客观评价，总结经验教训，针对项目存在的问题，提出切实可行的建议。

在报告撰写过程中，项目经理需根据工作进度要求及质量要求等，跟踪项目进展情况，及时组织协调专家组解决在报告撰写过程中遇到的问题及困难等。

5. 评审验收阶段

该阶段的责任主体是咨询单位和项目单位。咨询单位提出验收申请，出具评价报告。项目单位组织开展评价工作。

后评价项目的验收主要是对已完成的后评价项目进行审查，核查后评价报告中是否涵盖规定范围内的各项工作或活动，应交付的后评价成果是否达到了预期的目标。在后评价报告编写完成后，咨询单位应向项目单位牵头部门申请后评价验收，汇报后评价报告的主要成果。项目单位计划部门组织规划、基建、运检、调度、财务和审计等相关部门和专家对后评价成果进行评审验收，对报告内容是否满足项目单位主管部门后评价编制大纲深度要求、后评价结论的全面性、存在问题的客观性以及对策建议的可操作性等进行评审，对评价数据结论的准确性、依据的可靠性、分析对比指标的合理性等进行讨论，提出评审验收意见。

（1）验收专家组要求。

验收专家组成员至少 5 名，人数为单数。项目承担单位可推荐验收专家 1～3 人，也可提交不宜参加验收的专家名单（需注明原因）。原则上，课题组成员所在单位人员及课题顾问不能作为验收专家组成员。验收专家须具有高级职称，行政部门领导限 1 人。

（2）验收依据。

验收专家组根据国家发展改革委员会、国资委和各电网公司相关后评价管理规定、《任务合同书》对后评价报告进行验收，主要评估研究后评价工作是否客观、公正，是否达到《任务合同书》中的要求以及各项规定中对评价深度的要求，并由验收组长确定验收意见。

（3）验收结论。

验收结论主要分为通过验收、重新审议、不通过验收三种。

1）通过验收。按规定日期完成任务、达到合同规定的要求、经费使用合理，视为通过验收；

2）重新审议。由于提供文件资料不详难以判断，或目标任务完成不足，但原因难以确定等导致验收结论争议较大的，视为需要重新审议；

3）不通过验收。凡具有下列情况之一的按不通过验收处理：未达到项目规定的主要技术、经济指标的；所提供的验收文件资料不真实的。

（4）经费支付。

后评价报告通过验收后，项目单位根据合同相关条款完成咨询单位经费支付。

（5）成果移交。

咨询单位根据评审意见完成报告修改后，将最终报告及验收相关材料一并报送项目单位计划部门。

6. 成果应用阶段

该阶段的责任主体是咨询单位和项目单位。项目单位开展成果应用活动，咨询单位予以充分配合。

项目单位投资计划部门组织相关部门对项目进行分析、评议，剖析问题，总结被评价配电网项目的经验和教训，提出针对完善和改进类似配电网工程的实施建议和意见，给建设单位反馈后评价意见，同时应将后评价意见及时反馈到决策相关部门。项目决策单位和参建单位积极推广被评价项目的项目经验和教训，保证发现的问题在后续工程建设中避免，成功的经验得到借鉴和应用。

 **第二节　后评价成果主要形式**

一、后评价工作方式

后评价工作的主要目的是总结经验教训，为将来的工程建设提供管理建议，后评价工作方式分为自我后评价和中介机构独立后评价两种方式。

1. 项目自我评价

根据我国 GB/T 50326—2006《建设工程项目管理规范》的要求，项目管理结束后需要编制项目管理总结。项目自我评价是指在建设项目投产后，项目建设单位组织企业内部管理和技术人员对项目建设全过程开展的自我总结评价，项目自我总结后评价报告应在项目投产后一年内完成。区别于建设项目总结报告，项目自我评价报告是由建设单位总结分析项目建设，在过程管理、技术先进性、效果和效益以及可持续性基础上对项目进行全面总结，目的是发现建设过程中存在的问题和原因，总结管理经验；而项目总结报告是由项目承担单位完成的，根据合同要求总包单位、项目管理公司、施工单位、设计单位和监理单位分别完成各自编制合同承担部分的总结报告。

2. 中介机构独立后评价

一般意义的后评价是指第三方中介机构完成的项目后评价。委托独立中介机构组织开展的第三方评价，为保证项目后评价的客观、公正和科学性，项目独立后评价应委托第三方独立咨询机构，第三方是指处于第一方——被评对象和第二方——顾客（服务对象）——之外的一方，由于"第三方"与"第一方""第二方"都既不具有任何行政隶属关系，也不具有任何利益关系，所以一般也会被称为"独立第三方"。建设项目后评价咨询企业未参加项目建设工作，包括前期咨询、勘察设计、施工以及监理等项目建设过程，而且与项目参与单位无直接或间接隶属关系以及参股控股等形式的资本关系。

二、后评价成果形式

项目后评价的成果形式从评价范围来分，包括后评价报告、专项评价报告、年度报告，从工作综合复杂程度来分，包括后评价意见、简报和通报。

1. 后评价报告

项目后评价报告是评价结果的汇总，是反馈经验教训的重要文件。后评价报告必须反映真实情况，报告的文字要准确、简练，尽可能不用过分生疏的专业词汇。报告内容的结论、建议要和问题分析相对应，并把评价结果与未来规划以及政策的制订、修改相联系。

配电网工程后评价报告基本内容主要包括：摘要、项目概况、评价内容、主要变化和问题、原因分析、经验教训、结论和建议、基础数据和评价方法说明等。

2. 专项评价报告

根据项目建设实际情况，对于项目建设中问题多发环节或成果显著过程进行专项评价，目的是发现问题、总结经验。专项后评价可以包括：投资控制专项后评价报告、项目技术水平（进步）后评价报告、项目安全管理后评价报告、项目建设质量控制后评价报告、项目经济效益后评价报告、项目环境影响后评价报告、项目可持续水平后评价报告。

3. 后评价年度报告

通过后评价年度报告，围绕和突出公司投资项目建设与管理的大局和主流，抓住趋势性和规律性的问题，在已有后评价成果的基础上进行系统总结和提炼，在宏观管理层面上发挥积极作用。

4. 简报和通报

为了更好地发挥项目后评价的作用，在公司（集团）范围内可以通过简报、通报或年度报告的形式进行推广。

（1）简报。

简报是用于公司（组织）内部传递情况或沟通信息的简述报告。简报主要为反映工作情况和问题，及时对于后评价中重要问题在公司范围内通过公司内部会议形式或者内部网络平台进行发布。后评价简报可以是连续性的，也可以对后评价范围内的某一问题在公司（集团）某一范围作为简报传达。

编写简报要针对重点和亮点，简明扼要地据实反映问题，简报还应注重实效，简报是单位领导对一些问题做出决策的参考依据之一，也是单位推动工作的一个重要手段。

（2）通报。

通报是上级把有关事项告知下级的公文，通报从性质来分包括表扬通报、批评通报和情况通报，通报兼有告知和教育属性，有较强的目的性。奖励和批评通报中一般会有嘉奖和惩处决定，情况报告中除情况说明外会提出希望和要求。后评价工作情况可以通过通报形式进行传达给相关部门，目的是交流经验，吸取教训，推动工作的进一步开展。

第三节　后评价成果应用方式

后评价通过对项目建设全过程的回顾，总结经验教训，改进项目管理水平和提高投资效益，最终目的是提高投资管理科学化水平，打造企业核心竞争力。后评价工作完成后，为更好地发挥其应有的作用，通过召开成果反馈讨论会、内部培训和研讨，以及建立后评价动态数据共享平台库等形式进一步推广项目管理经验。

1. 成果反馈讨论会

通过项目后评价报告和后评价意见，有针对性地总结经验、发现问题和提出建议，从而改进了项目管理，完善了规章制度，通过后评价成果反馈讨论会，可以在更高的层次上总结经验教训，集中反映问题和提出建议，为完善项目决策提供了重要参考依据；通过多层次、多形式的研究成果与信息反馈，将项目后评价成果与项目决策、规划设计、建设实施、运行管理等环节有效地联系起来，实现了投资项目闭环管理，提高了后评价工作的实效性。

后评价评价范围涉及项目建设全过程和项目所有参加单位，成果反馈讨论会的参加人员可以有两种参与形式，一种要求项目参加单位全部参加，针对建设单位、各参与单位存在的问题集中讨论，有利于深度剖析建设问题的原因，有利于发承包双方的责任厘清和工作水平的提高。另一种讨论会是建设单位内部相关部门参加的讨论会，一般包括项目一线主要专业负责人、项目建设管理各相关部门负责人以及主管领导，对于电网建设项目要求建设单位基建部、发策部、物资部、经研院（所）等项目建设相关部门参加，必要时邀请公司内部专家或外聘行业专家到会。

成果反馈讨论会的重点针对后评价报告中提出的经验和问题，进一步分析原因，在公司和行业范围内推广先进经验，提高管理水平。

成果反馈讨论会可以针对某一项目，也可以根据实际情况对项目组或项目群进行集中讨论，项目后评价讨论会由建设单位组织召开。建设单位在会前应做好会议计划和议题准备。

2. 内部培训和研讨

企业内部培训根据其自身的特点和发展状况而"量身定制"的专门培训，旨在使受训人员的知识、技能、工作方法、工作态度以及工作价值观得到改善和提高，从而发挥出最大的潜力提高个人和组织的业绩，推动组织和个人的不断进步，实现组织和个人的双重发展。后评价是项目建设的重要环节，投资项目后评价的功能和作用主要围绕总结项目经验教训，以供后续同类项目借鉴，提升投资项目决策管理水平为主，宏观的投资决策、发展战略、政策措施建议为辅。可以内部培训和研讨，更好地理解后评价理论方法和实务方法，促进项目投资决策和管理水平的不断提升。

后评价内部培训应以企业内部中高层管理人员为主要培训对象，课程内容、教学方式均可以采用多种灵活方式。授课老师可以选择公司内部或行业咨询专家，教育方式可以采用讲授和讨论相结合的方式，授课内容在讲授后评价理论方法的同时重点研讨电网工程后评价实务。

3. 信息网络平台建设

计算机网络的功能主要有资源共享、信息交换、分布式处理及网络管理等几个方面。资源共享是计算机联网的主要目的，共享的资源包括硬件、软件数据和信息。随着互联网技术的不断进步，企业信息化建设的推进，企业内网（intranet）技术迅速发展，从第一代的信息共享与通信应用，发展到第二代的数据库与工作流应用，进而进入以业务流程为中心的第三代 Intranet 应用，形成一个能有效地解决信息系统内部信息的采集、共享、发布和交流的，易于维护管理的信息运作平台。Intranet 带来了企业信息化新的发展契机，打破了信息共享的障碍，实现了大范围的协作。

通过企业内部网络有条件共享后评价相关数据，合理应用输变电项目后评价成果，有助于总结经验教训，改进工作。但由于输变电项目后评价成果涉及电网关键技术和企业经营秘密，在网络共享平台中发布宜采用多种方式，针对不同受众分级发布，建立输变电项目后评价成果的秘级评定与分级发布机制。

传统意义的后评价是基于某时点的评价，是在工程项目运营一段时间后对项目各个阶段的整体总结，不具有动态性。但项目的成功度具有动态性质，不能由某一段的工程总结得出的静态结论来替代，在项目全寿命周期内，应对项目运营各项指标进行实时监测。项目的功能指标、效率指标、主设备缺陷和寿命以及环保指标是项目目标评价的核心内容，项目社会影响、环境影响及其可持续性是一个需要长期观测的指标，这些测量应贯穿项目全寿命周期，动态数据监测分析有助于对项目建设前期决策水平和建设实施水平进行进一步的检验和评价。建议建设单位设立相应的长效观测机制，建立动态后评价数据库，通过动态反馈和横向、纵向对比，提出优化方案，提高总体管理水平和经济效益。在项目后评价信息平台上建立动态数据库，对项目进行真正意义上的动态后评价，必将产生深远的管理意义。

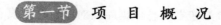

第四章

配电网工程后评价评价内容

　　配电网是指从电源侧（输电网和发电设施）接受电能，并通过配电设施就地或逐级分配给各类用户的电力网络。通常，将 20kV 及以下电压等级的配电网络统称为配电网。在《有序放开配电网业务管理办法》（发改经体〔2016〕2120号）中，提出配电网原则上指 110kV 及以下电压等级电网和 220（330）kV 及以下电压等级工业园区（经济开发区）等局域电网，可称之为广义配电网。本书中所指的配电网工程是指以区（县）及以上供电区域为单位、将某个投资年度或一定连续时间段内若干单项配电网工程打包形成的项目群。对配电网工程项目群开展后评价，其评价内容主要包括项目概况、项目实施过程评价、项目实施效果评价、项目运营效益评价、项目环境效益评价、项目社会效益评价、项目可持续性评价、项目后评价结论、对策建议等。

第一节　项　目　概　况

一、评价目的

　　项目概况介绍，主要是对配电网工程的基本情况做简要的说明及分析，以便于后评价报告使用者能够迅速了解到项目的整体情况，掌握项目的基本要点。

二、评价内容与要点

　　项目概况的主要内容包括：项目情况简述、项目主要建设内容、项目总投资、项目运行效益现状。

　　1. 项目情况简述

　　项目情况简述主要内容包括：项目基本情况、参建单位等。其中，项目基本情况主要内容包括项目数和投资金额，如下表所示。对某地区配电网工程项目群进行后评价时，通常需要对地区局及其下辖供电单位进行分层级统计。因此，在资料整理甄别时，需特别注意，下辖供电单位的统计数据合计值与地区局统计数据的统一性、整体性，见表4-1。

表4-1 项目基本情况

序号	地区局	初始立项		立项调整		实际投资	
		项目数	金额	项目数	金额	项目数	金额
1	地区1						
2	地区2						
3	……						
合计							

项目参建单位主要介绍内容包括：项目法人、建设单位、设计单位、监理单位、施工单位，以及各单位的资质等级和工作任务等，如下表所示。对某地区配电网工程项目群进行后评价时，由于配电网工程数量多，通常设计单位、施工单位、监理单位有可能会涉及到多家单位，要厘清其分工情况，见表4-2。

表4-2 参建单位资质介绍及工作任务汇总

序号	单位名称	资质等级	具体工作任务
一、设计单位			
1			
……			
二、施工单位			
1			
……			
三、监理单位			
1			
……			

2. 项目主要建设内容

项目主要建设内容是指配电网的实际建设规模，主要内容包括：配变容量、台数、户表、线路长度等，见表4-3。

表 4–3   项目主要建设规模表

项目	单位	计划投资	计划调整	竣工规模	变化率
××线路	km				
其中：电缆	km				
架空	km				
低压线路	km				
开关柜	面				
电缆分支箱	台				
柱上开关	个				
电缆沟	m				
开关房	间				
配电变压器	台/kVA				
……					

注　表中变化率指标为竣工规模指标与计划调整指标的变化比率。

3. 项目总投资

项目总投资是指年度配电网实际投资情况，主要内容包括：项目初始立项金额、经取消及增补后立项调整金额、项目实际投资金额，见表 4–4。

表 4–4   项 目 总 投 资 情 况 表

序号	地区	初始立项金额 （万元）	立项调整金额 （万元）	实际投资 （万元）
1	地区 1			
2	地区 2			
3	地区 3			
4	……			
	合计			

4. 项目运行效益现状

项目运行效益现状主要介绍内容包括：电网运行能力、电网结构、安全可靠性、节能环保、社会效益等。

第二节 项目实施过程评价

一、项目前期决策评价

1. 评价目的

近年来，随着电网建设的不断发展，电网建设投资的重点已从基本完善的城市主干网架向相对薄弱、历史欠账多的配电网工程倾斜。在国家能源局发布的《配电网建设改造行动计划（2015～2020年）》中，提出配电网建设改造投资不低于2万亿元。配电网工程投资巨大，科学决策的重要性不言而喻。前期决策评价的主要目的是通过项目规划、可行性研究报告与项目实施后情况的对比，重点对项目建设投资、建设规模、外部环境的一致性、科学性、合理性及建设程序的符合性进行评价。

2. 评价内容与要点

项目前期决策评价主要是对项目规划到项目计划下达阶段的工作总结与评价。评价内容主要包括：项目前期决策总结与评价包括规划评价、项可行性研究评价、评估或评审评价、投资计划评价、决策程序评价。

（1）规划评价。

常见的配电网规划有地区五年配电网规划、地区年度配电网规划、地区年度配电网规划滚动修编，在进行配电网规划评价时，应根据后评价项目立项时确定评价对象、评价范围、评价年限、评价目的，选择相应的配电网规划进行评价。配电网规划评价主要包括编制单位资质及基础资料评价、规划内容深度评价、规划合理性评价。

1）编制单位资质及基础资料评价。评价配电网规划报告编制单位的资质是否符合要求，基础资料是否充分。① 查阅配电网规划编制单位资质，评价其是否符合相关要求。② 查阅建设单位委托书内容是否完整，对规划编制工作范围的界定是否明确。③ 查阅配电网规划报告采用的基础资料是否真实可靠，是否满足配电网规划工作需要。

2）规划内容深度评价。评价配电网规划报告内容深度是否符合行业、电网公司规定要求。① 分析规划报告内容是否符合行业、电网公司规定要求。② 评价规划报告对国家政策的适应性，与本地区经济社会发展的衔接性，项目建设必要性。

3）规划合理性评价。通过规划项目响应度、负荷预测准确度等指标，将实际实施项目明细及外部用电需求与规划报告进行对比，分析差异变化，说明变化原因，评价配电网规划合理性，见表 4-5 和表 4-6。

表 4-5   规划项目响应度指标统计表

序号	地区	实际实施来源于规划项目数（个）	实际实施项目数（个）	实际实施项目来源于规划项目投资金额（万元）	实际实施项目投资额（万元）	规划项目响应度（%）
1	地区 1					
2	地区 2					
3	地区 3					
4	地区 4					
⋮	⋮					
合计						

表 4-6   负荷预测准确度指标统计表

序号	地区	供电负荷		误差（%）
		规划预测值	实际值	
1	地区 1			
2	地区 2			
3	地区 3			
4	地区 4			
⋮	⋮			
合计				

（2）可行性研究评价。

可行性研究评价主要包括编制单位资质及基础资料评价、可行性研究内容深度评价、可行性研究合理性评价。

1）编制单位资质及基础资料评价。评价配电网工程可行性研究报告编制单位的资质是否符合要求，基础资料是否充分。① 查阅配电网可行性研究报告编制单位资质，评价其是否符合相关要求。② 查阅建设单位委托书内容是否完整，对可行性研究报告编制工作范围的界定是否明确。③ 查阅项目可行性研究报告采用的基础资料是否真实可靠，是否满足可行性研究工作需要。

2）可行性研究报告内容深度评价。评价配电网工程可行性研究报告内容深度是否符合行业、电网公司规定要求。① 简要叙述可行性研究工作过程和情况。② 简要叙述可行性研究报告包括的主要内容，分析其是否符合行业、电网公司规定要求。

3）可行性研究合理性评价。通过可行性研究规模准确度、可行性研究投资估算准确度等指标，将实际实施项目投产规模及投资金额与可行性研究批复进行对比，分析差异变化，说明变化原因，评价项目可行性研究合理性，见表 4–7 和表 4–8。

表 4–7　　　　　　　　　　可研规模准确度指标统计表

基础数据		单位	地区 1	地区 2	…
实际实施项目可研阶段规模	线路	km			
	配变	kVA			
实际实施项目投产规模	线路	km			
	配变	kVA			
可研规模准确度		%			

表 4–8　　　　　　　　　　可研投资估算准确度指标统计表

基础数据	单位	地区 1	地区 2	…
实施项目估算总投资	万元			
实施项目竣工决算	万元			
可研投资估算准确度	%			

（3）评估或评审评价。

说明可行性研究报告的评估单位资质；简述可行性研究报告主要评审意见；对项目建设的必要性、技术方案和技术经济等部分是否提出了相应意见和建议，并评价其合理性。

1）核实说明可行性研究报告的评估单位的资质是否符合要求。

2）评价可行性研究报告评估工作是否进行了深入、充分的调研和论证。

3）简述可行性研究报告评审意见主要结论，调查可行性研究报告评审意见提出的问题和建议的落实情况。

4）对可行性研究报告评审意见进行综合分析，评价其科学性、客观性及公正性。

（4）投资计划评价。

配电网投资计划评价主要包括计划管理能力评价和计划实施能力评价。

1）计划管理能力评价。通过配电网工程立项变更率等指标，将实际投产项目明细与投资计划批复进行对比，分析项目增补和取消情况，说明具体原因，评价项目投资计划管理水平，见表4–9。

表4–9　　　　　　　　　　　项目立项变更率指标统计表

基础数据	单位	地区1	地区2	…
变更项目投资金额绝对值之和	万元			
计划投资金额	万元			
发生项目变更的项目数	项			
计划项目数	项			
项目立项变更率	%			

2）计划实施能力评价。通过年度立项规模投产率等指标，将实际实施项目投产规模与立项计划规模进行对比，分析差异变化，说明变化原因，评价项目投资计划实施水平，见表4–10。

表4–10　　　　　　　　　　年度立项规模投产率指标统计表

序号	地区	10kV 线路			配电容量		
		立项规模	投产规模	投产率	立项规模	投产规模	投产率
1	地区1						
2	地区2						
3	⋮						
	合计						

（5）决策程序评价。

按照项目管理程序，项目决策主要包括项目规划、可行性研究、投资计划等。项目决策程序评价是评价项目规划、可行性研究、投资计划及批复各环节是否符合有关规定，工作周期、进度是否合理，决策程序是否符合建设程序有关要求。

1）对项目前期工作程序进行梳理，填写项目前期决策程序表，见表4–11。

表4–11　　　　　　　　　　项目前期决策程序表

序号	项　　目	完成时间	文号	部门/单位
1	规划报告编制			
2	规划报告审查			
3	可行性研究报告编制			
4	可行性研究报告评审			
5	可行性研究报告批复			
6	可研核准报告			
7	投资计划			

2）分析项目规划、可行性研究、核准等环节工作内容是否全面、是否符合规定要求。

3）分析评价前期决策程序中各项工作的周期、进度是否科学合理，决策程序是否符合相关规定。

（6）项目前期决策评价结论。

根据以上各项评价，对项目前期决策进行概括性汇总，得出综合评价结论，重点突出决策依据是否充分、决策程序是否合理、决策是否科学。

3. 评价依据（见表4–12）

表4–12　　　　　　　　　　项目前期决策评价依据表

序号	评价内容	评　价　依　据	
		国家、行业、企业相关规定	项目基础资料
1	项目规划评价	（1）电力系统安全稳定导则； （2）电力系统设计技术规程； （3）城市中低压配电网改造技术规范； （4）各电网企业项目规划相关内容深度规定	（1）规划报告及其附表； （2）规划单位资质证书； （3）规划委托书； （4）地区国民经济和社会发展规划资料； （5）地区统计年鉴； （6）国家产业政策； （7）地区供电量、供电负荷； （8）项目财务竣工决算报告

序号	评价内容	评价依据	
		国家、行业、企业相关规定	项目基础资料
2	可行性研究评价	（1）GB/50053—1994《10kV及以下变电所设计规范》； （2）GB/50054—1995《低压配电设计规范》； （3）DL/T 5220—2005《10kV及以下架空配电线路设计技术规程》； （4）DL/T 5220—2005《城市中低压配电网改造技术原则》； （5）各电网企业配电网工程可行性研究内容深度规定	（1）可行性研究报告及其批复； （2）可研编制单位资质证书； （3）可研编制委托书； （4）可研调整及其批复； （5）项目完工备案表； （6）项目财务竣工决算报告
3	项目评估或评审评价	（1）GB/50053—1994《10kV及以下变电所设计规范》； （2）GB/50054—1995《低压配电设计规范》； （3）DL/T 5220—2005《10kV及以下架空配电线路设计技术规程》； （4）DL/T 5220—2005《城市中低压配电网改造技术原则》； （5）各电网企业配电网工程可行性研究内容深度规定	（1）可行性研究报告评审意见； （2）可研评审单位资质证书； （3）设计文件
4	项目投资计划评价	各电网企业配电网工程前期工作管理办法	（1）项目计划投资和调整（含增补、结转）计划投资批文及附表； （2）项目完工备案表； （3）项目财务竣工决算报告
5	项目决策程序评价	（1）国务院关于投资体制改革的决定； （2）企业投资项目基本建设流程； （3）各电网企业配电网工程前期工作管理办法	（1）规划报告及其批复； （2）可行性研究报告及其评审意见； （3）可行性研究报告批复； （4）项目计划投资和调整（含增补、结转）计划投资批文及附表

注　相关评价依据应根据国家、企业相关规定，动态更新。

二、项目实施准备评价

1. 评价目的

工程实施准备是项目建设施工必要的基础性工作，对项目实施准备工作评价，主要目的是通过实施准备各项工作合规性检查，评价实施准备工作的充分性，是否满足项目建设及施工需要。

2. 评价内容与要点

项目实施准备工作与评价是评价配电网工程从初步设计到正式开工的各

项工作是否符合国家、行业及企业的有关标准、规定。评价内容主要包括：初步设计评价、施工图设计评价、采购招标评价、资金筹措评价和开工准备评价。

（1）初步设计评价。

初步设计评价主要包括设计单位资质评价、设计工作评价、主要设计指标评价、初步设计评审与批复情况评价。

1）设计单位资质评价。核实设计单位资质等级和设计范围，评价设计单位是否具备承担项目的资质和条件。

2）设计工作评价。设计工作评价主要包括设计工作进度评价和设计工作质量评价。

① 工作进度评价。评价各单项工程初步设计是否按计划进度完成；若有推迟设计进度的，应说明其原因。

② 工作质量评价。设计依据评价，主要是对检查项目是否依据政府和上级有关部门批复文件，可行性研究报告及批复文件，设计合同或设计委托文件，配电网设计依据的有关规程、规范等相关依据开展初步设计。

初步设计内容深度评价，主要是简要叙述初步设计文件包括的主要内容，评价其是否符合行业、电网公司深度规定要求。

3）主要设计指标评价。将初步设计规模及主要技术方案与可行性研究报告进行对比，包括配电网工程规模、主要技术方案及工程投资等，分析差异变化，说明变化原因，评价项目初步设计合理性，见表4-13。

表4-13 主要设计指标对比表

指标名称 阶段划分			可研批复	初步设计批复	指标变化情况
中压配电网	电缆	规格			
		长度（km）			
	架空线	规格			
		长度（km）			
	合计（km）				
	开关柜（面）				
	电缆分支箱（台）				

指标名称 \ 阶段划分		可研批复	初步设计批复	指标变化情况
中压配电网	柱上开关（台）			
	电缆沟（m）			
	开关房（间）			
	动态投资（万元）			
低压配电网	配电变压器（台）			
	容量（kVA）			
	台区（个）			
	低压线（km）			
	低压开关柜（面）			
	无功补偿（kvar）			
	电能表（只）			
	配电房（间）			
	动态投资（万元）			

4）初步设计评审与批复情况评价。简要叙述初步设计评审与批复情况，评价其是否符合国家、行业、电网企业相关管理规定。

（2）施工图设计评价。

施工图设计评价主要包括设计工作质量评价、施工图交付进度评价和设计会审及交底情况评价。配电网工程是否开展施工图设计，目前各电网公司的要求不尽相同，根据配电网工程设计的实际情况，选择是否进行施工图设计评价。

1）设计工作质量评价。设计工作质量评价主要包括设计依据和设计内容深度评价。

① 设计依据评价。检查是否依据国家相关的政策、法规和规章，电力行业设计技术标准和电网公司企业标准的规定，批准的初步设计文件、初步设计评审意见、设备订货资料等相关依据开展施工图设计。

② 施工图设计内容深度评价。简要叙述施工图设计文件包括的主要内容，分析其是否符合行业、电网公司规定内容深度要求。

2）施工图交付进度评价。评价配电网工程施工图设计是否按计划进度完成；若有推迟设计进度的，应说明其原因。

3）设计会审及交底情况评价。简要叙述施工图设计会审及设计交底开展情况，评价其是否符合国家、行业、电网企业相关管理规定。

（3）采购招标评价。

采购招标评价包括设备材料采购招标评价、参建单位招标评价两部分。

1）设备材料采购招标评价。查阅关键设备材料的采购合同和招投标文件，调查关键设备材料的采购方式、性能质量、订货价格、供货进度，评价采购招标是否符合有关招标管理规定，分析其经济性与合理性。对其存在的问题，要查找原因，分析对工程进度、质量和投资的影响。

2）参建单位招标评价。评价配电网工程设计、施工、监理等参建单位的招标范围、招标方式、招标组织形式、招标流程和评标方法是否符合有关招投标管理规定，对采用非招标方式的应说明原因，对其合规性、合理性进行评价，见表 4-14。

表 4-14　　　　　　　　　参建单位招标情况统计表

序号	招标批号	招标时间	招标范围	招标方式	招标组织形式	招标代理人	招标流程	评标方法	中标单位名称	中标金额	合同金额
一	设计招标										
1											
2											
3											
二	施工招标										
1											
2											
3											
三	监理招标										
1											
2											
3											

（4）资金筹措评价。

说明配电网工程实际资金来源与筹措方式、资金到位情况、资本金比例与金额，评价资本金比例是满足《国务院关于固定资产投资项目试行资本金制度的通知》（国发〔1996〕35 号）有关要求，见表 4-15。

表 4–15		资 金 筹 措 统 计 表			单位：万元
序号	地区	截止后评价时点			实际完成投资
		银行贷款	自有资金	到位资金合计	资金到位率	

（5）开工准备评价。

开工准备评价，需要依据电力行业或电网公司规定，对施工图设计满足施工进度情况、施工及监理单位的人材机准备情况、现场"四通一平"工作完成情况、资金落实情况等开工准备工作是否完善进行评价。评价开工条件是否充分，手续是否完备，及其对项目工期、质量、投资及安全的影响，评价分析项目开工准备各项工作是否适应工程建设及施工需要，见表 4–16。

表 4–16	开工准备条件落实情况统计表		
序号	开 工 条 件	落实情况	备注
1	项目法人已设立，项目组织管理机构和规章制度健全		
2	项目初步设计及总概算已经批复		
3	项目资本金和其他建设资金已经落实，资金来源符合国家有关规定，承诺手续完备		
4	项目施工组织设计大纲已经编制完成并经审定		
5	主体工程的施工队伍已经通过招标选定，施工合同已经签订		
6	项目法人与项目设计单位已确定施工图交付计划并签订交付协议，图纸已经过会审		
7	项目施工监理单位已通过招标确定，监理合同已经签订		
8	项目征地、拆迁和施工场地"四通一平"工作已经完成		
9	主要设备和材料已经招标选定，运输条件已落实		
开工条件落实率（%）			

（6）项目实施准备评价结论。

根据以上各项评价，对项目实施准备进行概括性汇总，得出综合评价结论，重点突出实施准备工作内容的完整性、深度及合理性，程序的完整性和合规性。

3. 评价依据（见表 4-17）

表 4-17   项目实施准备评价依据表

序号	评价内容	评价依据	
		国家、行业、企业相关规定	项目基础资料
1	初步设计评价	（1）DL/T 5220—2005《10kV及以下架空配电线路设计技术规程》； （2）GB 50217—2007《电力工程电缆设计规范》； （3）GB/50053—1994《10kV及以下变电所设计规范》； （4）GB/50054—2011《低压配电设计规范》； （5）GB 50052—2009《供配电系统设计规范》； （6）DL/T 599—2009《城市中低压配电网改造技术原则》； （7）各电网公司配电网工程初步设计内容深度规定； （8）各电网公司配电网工程初步设计评审管理办法	（1）初步设计委托书或者设计合同； （2）可行性研究报告及批复； （3）城乡规划、建设用地、水土保持、环境保护、防震减灾、地质灾害、压覆矿产、文物保护、消防和劳动安全卫生等批复； （4）初步设计单位资质证明； （5）初步设计文件； （6）初步设计评审会议纪要； （7）初步设计批复申请与批复文件； （8）批复初步设计概算书； （9）设计总结
2	施工图设计评价	（1）DL/T 5458—2012《变电工程施工图设计内容深度规定》； （2）DL/T 5514—2016《城市电力电缆线路施工图设计文件内容深度规定》； （3）DL/T 5468—2013《输变电工程施工图预算编制导则》； （4）各电网公司输变电工程施工图设计内容深度规定	（1）施工图设计委托书或者设计合同； （2）施工图设计文件； （3）施工图设计会审及设计交底会议纪要； （4）施工图交付记录； （5）批复施工图设计预算书； （6）设计总结
3	开工准备评价	国家电力公司关于电力基本建设大中型项目开工条件的规定	（1）初步设计批复文件； （2）工程开工报审表； （3）施工组织设计文件； （4）施工合同； （5）施工图会审文件； （6）监理合同； （7）项目建设资金落实证明文件或配套资金承诺函
4	采购招标评价	（1）中华人民共和国招标投标法及相关法律、法规； （2）各电网公司招标活动管理办法； （3）各电网公司招标采购管理细则	设计、施工、监理、主要设备材料招投标有关文件（招标方式，招标、开标、评标、定标过程有关文件资料，评标报告，中标人的投标文件，中标通知书等）
5	资金筹措评价	（1）国务院关于固定资产投资项目试行资本金制度的通知； （2）国务院关于调整固定资产投资项目资本金比例的通知	财务决算报告

注 相关评价依据应根据国家、企业相关规定，动态更新。

三、项目建设实施评价

1. 评价目的

建设实施阶段是项目财力、物力集中投入和消耗的阶段，对工程是否能发挥投资效益具有重要意义。项目建设实施评价的主要目的是通过对建设组织、"四控"以及竣工阶段的管理工作进行回顾，考察管理措施是否合理有效，预期的控制目标是否达到。

2. 评价内容与要点

项目建设实施评价主要是对项目开工建设至工程投运阶段工作的总结与评价。通过对比项目实际建设情况与计划情况的一致性，以及建设各环节与规定标准的适配性，重点对投资、进度、质量、安全、变更以及竣工验收几个重要评价点进行评价。评价内容主要包括：合同执行与管理评价、工程建设与进度评价、设计变更评价、投资控制评价、质量控制评价、安全控制评价、工程监理评价和竣工验收评价。

（1）合同执行与管理评价。配电网工程合同执行与管理评价主要是从整体上评价工程设计、施工、监理、设备采购等相关合同的执行与管理情况，需要对工程是否按照合同规定严格执行与管理情况进行全面考察，进而反映出配电网工程合同管理的整体水平。

对合同管理与执行情况的评价主要从合同签订时是否合规及时、合同文本制定是否规范、资金支付情况以及纠纷处理情况等方面进行评价。

1）评价配电网工程合同签订是否合规，包括对每个配电网工程签订合同的及时性以及签订合同的流程规范性等进行评价。填写合同签订及时率统计表，并进行对比分析。若存在合同签订滞后的情况，需要分析原因。

2）评价配电网工程的合同履行情况。主要针对配电网工程在合同履行过程中对合同条款的执行情况进行评价，见表4-18。

3）评价配电网工程的合同文本制定情况。主要针对工程在合同制定过程中是否应用规定的合同范本。

4）评价配电网工程的合同资金支付情况。主要针对工程在合同签订后应付款项的支付及时性以及支付比例进行评价，见表4-19。

表 4-18　　　　　　　　　　合 同 签 订 及 时 率 表

地区/批次	设计			施工			监理			设备采购		
	合同总数	按时签订合同数	合同签订及时率	合同总数	按时签订合同数	合同签订及时率	合同总数	按时签订合同数	合同签订及时率	合同总数	按时签订合同数	合同签订及时率

表 4-19　　　　　　　合同条款支付情况评价分析框架表

序号	合同名称	合同金额	签订日期	应付款时间	实付款时间	应付款金额	实付款金额	实付款占应付款比例	累计支付比例
1	勘察设计								
2	设备采购								
3	监理								
4	施工								
5	其他								

（2）工程建设与进度评价。

配电网工程建设与进度评价主要通过分析所评项目按期完成率，评价配电网工程建设的进度控制水平。

1）工程整体实施进度评价。

评价配电网工程从前期策划到竣工投产的全过程进度控制情况。

① 查阅配电网工程投资计划文件，项目批复文件，招投标及中标文件，分析各类前期文件取得时间是否符合电网公司项目前期工作管理办法相关规定的要求。

② 查阅配电网工程合同及开工报告，对比合同规定的开工时间和实际开工时间是否相符。

③ 查阅配电网工程施工计划及竣工报告，对比计划竣工投产时间与实际

竣工投产时间是否相符。

④ 根据梳理内容填写工程整体实施进度表，见表 4-20。

表 4-20 工程整体实施进度表

阶段	序号	事件名称	时间	依据文件
前期决策	1	下达投资计划		投资计划下达或调整通知
	2	下达批复文件		核准文件
开工准备	1	设计招标		招标文件
	2	施工招标		招标文件
	3	监理招标		招标文件
	4	初设评审		评审意见
建设实施	1	工程开工		工程开工报告
竣工验收	1	工程验收		工程总结、监理工作总结
投运	1	工程投产		启动投产签证书
结算阶段	1	工程结算审定		工程结算审核报告
决算阶段	1	工程财务决算报告审核		工程竣工决算审核报告

⑤ 对比工程一级进度计划，计算工程一级进度计划完成率，评价进度计划主要延误节点，见表 4-21。

表 4-21 工程一级进度计划完成率

序号	评价指标	基础数据	指标值
1	一级进度计划完成率	按进度计划完成的节点数量	
		进度计划节点数量	

2）施工阶段进度控制评价。

详细梳理配电网工程施工阶段各批次工程进度控制情况，对比工程实际工期与计划工期的偏差程度，分析评价工程施工进度控制是否符合电网公司规定要求，可以按照下表内容进行统计评价。

① 查阅配电网工程开工报告、竣工报告，对工程施工进度进行梳理，见表 4-22。

表 4–22 工程建设进度一览表

序号	地区	批次	计划开工时间	计划竣工时间	调整竣工时间	实际开工时间	实际竣工时间	完工偏差
1								
2								
3	......							
4								
5								

② 根据按期完成率指标评价工程施工进度控制水平，见表 4–23。

表 4–23 按期完成项目情况统计表

地区	项目总数（项）	按期完成项目数（项）	项目按期完成率
合计			

③ 对于工期偏差较大的配电网工程项目，详细分析工程工期偏差原因。

3）施工进度控制措施评价。评价项目管理单位在配电网工程建设过程中，进度控制措施、制度制定的合理性和有效性。① 查阅相关进度控制的制度、管理办法以及施工组织设计报告等文件，梳理项目进度控制管理措施。② 评价进度控制管理措施的完备性、合理性和有效性。

（3）设计变更评价。

配电网工程设计变更评价，主要评价设计变更原因的频发度和设计变更手续的完备性。

① 查阅设计变更单，统计设计变更类型、金额，见表 4–24。

② 分析设计变更原因及影响。

③ 对设计变更金额较大项目进行抽查，分析变更原因，评价设计变更流程的规范性。可配合统计表绘制变更分布饼图，见表 4–25。

表 4–24　　　　　　　　　设 计 变 更 汇 总 表

序号	地区	评 价 指 标	项目数	变更总金额（绝对值累加）	10万元及以下	10万～30万元	30万～50万元	50万元以上
1		发生1次设计变更						
		发生2次及以上设计变更						
2		发生1次设计变更						
		发生2次及以上设计变更						
合计		发生1次设计变更						
		发生2次及以上设计变更						
		设计变更总计						

表 4–25　　　　　　　　设计变更金额较大项目明细表

序号	发生变更的项目名称	变更原因	变更金额绝对值合计（万元）	变更次数合计（次）	是否办理设计变更手续	
					是，注明设计变更单号	否，原因
一			地区1			
1						
2						
3						
二			地区2			
1						
2						
3						

（4）投资控制评价。

配电网工程投资控制评价主要是为了考察配电网工程的投资控制情况。主要是对配电网工程的可研估算投资、批复概算投资以及决算投资进行统计汇总，得出被评项目中投资超支项目和投资节余项目的数量，并对投资超支和节余较大的项目进行原因分析。

① 查阅配电网工程的可研估算投资、批复概算投资以及决算投资，进行差异对比得出项目的投资超支/节余率。汇总填写投资情况表，绘制各地区偏差对比柱形图，见表4–26。

表 4-26 配电网项目投资控制情况表

地区	可研估算	批复概算	竣工决算	超支（节余）金额	超支项目数	节余项目数
合计						

② 对单个超支/节余较大的项目进行投资偏差原因分析。从单个配电网工程投资变化率的角度，按照地区或类型分析评价整个项目中单个项目投资变化率分布情况，必要时候，可选取变化幅度较大的配电网工程进行典型工程造价分析，见表 4-27。

表 4-27 投资变化率分布统计表

变化幅度	地区/批次		地区/批次		地区/批次		地区/批次	
	项目数	占比	项目数	占比	项目数	占比	项目数	占比
10%以上								
0%～10%								
−15%～0%								
−30%～−15%								
−45%～−30%								
−45%以下								
合计								

（5）质量控制评价。

配电网工程质量控制评价主要根据竣工验收结果，评价配电网工程质量控制水平。

1）质量控制效果评价。评价配电网工程竣工质量是否符合行业和电网公司要求。

① 查阅配电网工程验收报告或由项目管理单位填报数据，统计配电网工程一次验收合格率，见表 4-28。

表 4–28　　　　　　　　　　　　一次验收合格率统计表

地区/类型	竣工项目数（项）	对比竣工项目数一次验收合格的项目数（项）	一次验收合格率
合计			

② 评价配电网工程质量控制效果，以及配电网工程是否达到质量控制目标。

2）质量控制措施评价。评价项目管理单位质量控制措施、制度制定的合理性和有效性。① 查阅相关质量控制的制度、管理办法以及施工组织设计报告等文件。梳理项目质量控制管理措施。② 评价质量控制管理措施的完备性、合理性和有效性。

（6）安全控制评价。

安全控制评价，主要评价项目管理单位安全管理体系管控效果和安全管理体系建设和措施。

1）安全管理体系管控效果。评价配电网工程安全管理体系管控效果，是否实现安全目标，工程建设过程中的安全控制水平，见表 4–29。

表 4–29　　　　　　　　　　　　安全控制分析评价表

序号	项目	人身伤亡事故			机械事故	火灾事故	交通事故
		死亡	重伤	轻伤			
1	计划指标						
2	实际完成						

2）安全管理体系建设和措施。评价配电网工程安全管理体系及措施是否完备，是否符合国家、行业和电网公司的相关要求。① 查阅工程建设单位、设计单位、监理单位和施工单位的施工组织设计报告或工作方案，梳理项目安全管理体系及措施。② 对比相关法律、法规，规程和规范，评价项目安全管理体系的健全性和完备性。

（7）工程监理评价。

对工程监理情况的评价，主要是考察被评价配电网工程是否按照规定开展工程监理工作，包括监理单位是否满足要求，是否编制完整的监理大纲等工作内容。由于配电网工程涉及的工程项目数量多，每个工程执行监理的情况存在差异。因此，在进行配电网工程监理评价时，可根据需要进行分类，再进行对比分析，提高针对性。主要的评价要点为：

① 按照评价需要对被评价配电网工程进行分组，并对每个工程执行监理的情况进行查阅。

② 查阅每个配电网工程在执行监理时是否符合规定，监理资料是否完整。

③ 按照每个配电网工程的情况整理汇总填写监理情况表，见表4-30。

表4-30　　　　　　　　　　监 理 情 况 表

地区/类型	项目总数	有监理单位项目数量	是否编制监理大纲	是否编制监理总结	是否参加施工图会审	是否参加工程例会

（8）竣工验收评价。配电网工程竣工验收评价，应根据竣工验收报告，评价竣工验收的方式和程序是否符合规范，内容是否齐全。① 查阅配电网工程的竣工验收流程以及验收方式，考察是否按照规定进行工程验收和专项验收。简要说明工程竣工验收报告的主要结论，汇总分析项目中所有项目的验收合格率以及优良率。② 对未按流程严格进行竣工验收、专项验收的项目，分析原因。

（9）项目建设实施评价结论。

根据以上各项评价，对配电网工程建设实施进行概括性汇总，得出综合评价结论，重点突出合同签订和执行管理、设计变更管理、"四控"管理、工程监理、竣工验收等几个方面在项目实施过程中的执行情况。

3. 评价依据（见表4-31）

表4-31　　　　　　　　项目建设实施评价依据表

序号	评价内容	评 价 依 据	
		国家、行业、企业相关规定	项目基础资料
1	项目合同执行与管理评价	（1）中华人民共和国合同法； （2）各电网企业合同管理办法； （3）各电网公司合同范本	（1）设计、施工、监理以及咨询合同（有盖章、有签字的正式版）； （2）合同补充协议（若有）； （3）中标通知书； （4）合同支付台账

序号	评价内容	评 价 依 据	
		国家、行业、企业相关规定	项目基础资料
2	工程建设与进度评价	各电网公司配电网工程进度计划管理办法	（1）工程一级进度计划； （2）工程开工报告； （3）竣工验收报告
3	项目设计变更评价	各电网公司设计变更管理办法	设计变更单
4	投资控制评价	（1）国务院关于调整和完善固定资产投资项目试行资本金制度的通知（国发〔2015〕51号）； （2）建设工程价款结算暂行办法（财建〔2004〕369号）的通知； （3）各电网公司关于工程资金管理办法； （4）各电网公司关于输变电工程结算管理办法； （5）各电网公司关于工程竣工决算报告编制办法； （6）各电网公司配电网工程造价管理办法	（1）批复可研估算书； （2）批复初设概算书； （3）结算报告及附表、相应的审核报告及明细表； （4）竣工财务决算报告及附表
5	工程质量控制评价	（1）国家和电力行业颁布的一系列规范和标准； （2）各电网公司配电网工程质量管理办法； （3）建设工程质量管理条例（国务院令第279号）； （4）电力建设工程质量监督规定（暂行）（电建质监〔2005〕52号）	（1）参建单位的质量管理办法； （2）竣工验收报告
6	工程安全控制评价	（1）各电网公司配电网工程施工安全设施相关规定； （2）各电网公司电力建设安全健康环境评价管理办法； （3）电力建设工程施工安全监督管理办法》（国家发改委令第28号）	（1）参建单位的安全管理办法； （2）竣工验收报告
7	工程监理评价	（1）工程建设监理规定（建监〔1995〕第737号文）； （2）GB/T 50319—2013《建设工程监理规范》； （3）各电网各企业工程建设监理管理办法	（1）监理规划； （2）监理实施细则； （3）监理总结； （4）监理日记； （5）监理旁站记录
8	竣工验收评价	各电网公司配电网项目（工程）竣工验收管理办法	（1）现行施工技术验收规范以及主管部门（公司）有关审批、修改、调整文件； （2）工程竣工验收报告

注 相关评价依据应根据国家、企业相关规定，动态更新。

第三节 项目实施效果评价

一、项目技术水平评价

1. 评价目的

项目技术水平评价是项目后评价中的重要环节,项目技术水平决定了配电网工程的可行性和未来运行的好坏。项目技术水平评价的主要目的是通过对配电网工程设计阶段、实施阶段、投产运行阶段技术应用情况的评价,为配电网工程的维护以及今后配电网工程设计、实施提供建议。

2. 评价内容与要点

为了有效反映配电网工程各阶段、各主要构成部件之间的关系及重要性,反馈对工程设计、实施、投产运行过程的改善,以及便于各阶段参与人员的理解及应用,依据配电网工程项目建设的一般步骤,将构成电网系统的元部件作为项目评价的评价要素,说明项目在设计阶段、实施阶段、投产运行阶段新技术、新工艺、新材料、新设备应用情况。评价内容主要包括:安全可靠性评价、可实施性评价、可维护性评价、可扩展性评价、节约环保性评价。

(1)安全可靠性评价。

构成电网系统的元部件中任一部件的安全可靠性对电力系统的供电都将产生一定的影响,任何一部分的功能丧失都将导致系统的失效。安全可靠性是评价电网工程项目的重要指标,应按照以下几项内容对配电网工程评价要素逐一进行评价:

1)技术方案可靠性。一般地,配电网工程处于饱和期(广泛应用)和转变期(推广应用)的技术经过了长期或较长时期运行的检验,其可靠性得到普遍认可,因此技术方案的可靠性通过与主流技术定性地对比分析,由专家评分判定。

2)施工工艺的可靠性。与主流施工工艺相比,采用的施工工艺是否得当,施工工艺会否对设备的安全运行造成影响。

(2)可实施性评价。

可实施性主要体现在现场的施工条件、运输条件是否具备,施工的难易程度大小,材料的选择是否便于采购和加工,采用的新技术、新材料、新工艺是否切实可行等方面。

（3）可维护性评价。

可维护性主要体现在是否具备可维护的条件，维护设施是否齐备。维护时对电网供电造成影响和对社会造成的影响，以及影响范围和程度等。

（4）可扩展性评价。

可扩展性是指配电网工程系统功能定位既能够满足当前的需要，又能够满足将来社会发展的需求。在配电网工程的整个寿命期内，系统的使用功能稳定，具有持续性，当功能需求发生变化时，能方便地进行功能更新。

（5）节约环保性评价。

节约环保性可以分为节约性与环保性两方面。节约性主要体现在配电网工程各组成部件的材料消耗量及资源利用率等方面；环保性体现在配电网工程项目对土地资源的占用、加工与施工过程中对环境的污染情况、林区砍伐、植被破坏等方面。

在具体评价时，首先对构成配电网工程的要素逐一进行以上全部或者是某几方面的性能评价，然后再对各评价要素进行综合评价，得出整个项目的综合评分。也可以先就某项性能对评价要素进行评价，然后再对各项性能进行综合评价，得出项目的综合评分。

3. 评价依据（见表 4-32）

表 4-32　　　　　　　　项目技术水平评价依据表

评价内容	评　价　依　据	
	国家、行业、企业相关规定	项目基础资料
项目技术评价	相关技术标准文件	（1）施工图设计文件； （2）设计总结； （3）财务决算报告及附表； （4）施工组织设计； （5）施工总结； （6）运营期缺陷清单及消缺记录； （7）运行管理制度、人员配置

注　相关评价依据应根据国家、企业相关规定，动态更新。

二、项目运行效果评价

1. 评价目的

项目的运行情况关系着项目整体目标能否最终实现，运营情况评价的目的主要是通过收集配电网工程运行数据，对比工程建设立项时运行指标预期数据，评价项目的设计能力是否实现，电网结构、装备水平、运行水平和智能化水平等指标是否达成。

2. 评价内容与要点

项目运行效果评价主要是对项目生产运营阶段工作情况的总结与评价，评价其在生产运行中发挥的作用和效果。评价内容主要包括：电网结构评价、装备水平评价、运行水平评价、配电自动化与智能化水平评价。

值得指出的是，按照立项目的，可将配电网工程分为 5 类，包括：解决线路和配变重过载问题、解决电压不合格问题、满足供电负荷、完善中压网架和更换残旧设备。参照项目立项目的，分析配电网工程的运行效果，评价配电网工程立项目标实现程度。运行效果评价矩阵见表 4-33。

表 4-33　　　　　　　运 营 情 况 评 价 矩 阵

立　项　目　的	电网结构	装备水平	运行水平	智能化水平	目标值（如有）	评价值
解决线路和配变重过载	√		√			
解决中压线路末端电压不合格/台区电压偏低问题			√			
变电站新出线满足新增负荷供电/新建台区满足负荷需求	√		√	√		
完善中压网架	√		√	√		
更换残旧设备或线路		√				

（1）电网结构评价。

电网结构评价，主要分析新增供电能力和配网可转供率指标，通过查阅项目可研及电网现状资料，分析工程投产前后配电网供电能力和配网可转供率指标的变化情况。

（2）装备水平评价。

装备水平评价，主要分析高损配变比例和低压架空线路绝缘化率指标，通过查阅项目可研及电网现状资料，分析工程投产前后配电网装备水平指标的变化情况。

（3）运行水平评价。

运行水平评价，主要包括供电可靠率、综合电压合格率、重载线路和配变比例、轻载线路和配变比例、低电压用户比例等指标，通过查阅运行水平相关指标，分析其是否达到可行性研究报告设定的目标。

（4）配电自动化与智能化水平评价。

配电自动化与智能化水平评价，主要包括配电自动化覆盖率和分布式电源渗透率指标，通过查阅配电自动化与智能化水平相关指标，分析其是否达到可行性研究报告设定的目标。

3. 评价依据（见表 4-34）

表 4-34 项目运营评价依据表

评价内容	评 价 依 据	
	国家、行业、企业相关规定	项目基础资料
项目运营	（1）城市电力网规划设计导则； （2）农村市电力网规划设计导则； （3）配电网规划设计技术导则； （4）各电网企业同业对标相关规定	（1）项目可行性研究报告； （2）电网调度运行资料

注 相关评价依据应根据国家、企业相关规定，动态更新。

三、项目经营管理评价

1. 评价目的

项目的经营管理情况关系着项目管理体系是否规范、完善。项目经营管理评价的主要目的是在配电网工程进入生产经营阶段后对管理情况进行评价，体现项目管理单位的经营管理水平。

2. 评价内容与要点

项目经营管理评价主要是对项目生产经营阶段的管理评价。通过项目经营管理实际情况与相关法律、法规、规定等进行对比，重点对项目经营管理规范性方面进行评价。评价内容主要包括：项目管理组织机构评价、项目文档管理评价、政策执行情况评价。

（1）管理组织机构评价。

项目管理组织机构评价主要包括项目管理组织机构设置、项目技术人员培训、项目管理体制与规章制度等方面。

1）项目管理组织机构设置。评价项目管理组织机构设置是否符合公司相关规定。主要从项目管理机构的设置及其功能、组织形式和作用、管理信息网建设等方面进行评价。① 查阅项目管理组织机构设置情况，评价其是否符合行业、电网公司规定要求。② 评价项目管理组织形式是否合理，是否发挥了应有的作用。③ 评价项目管理信息网建设是否满足行业、电网公司规定要求。

2）项目技术人员培训。评价项目技术人员培训工作是否合理、有效。① 查阅项目技术人员培训计划、培训内容及培训记录等，评价其是否符合行业、电网公司规定要求。② 分析项目技术人员的培训工作是否合理、有效，是否具有针对性。

3）项目管理体制与规章制度。评价项目管理的水平、效率和效益，评价其管理体制与规章制度是否符合行业、电网公司规定要求。① 查询项目管理体制与规章制度的制定、执行情况，评价其是否具备科学性和有效性，是否符合行业、电网公司规定要求。② 查询项目人才和资源使用情况，评价其合理性。

（2）文档管理评价。项目文档管理评价主要包括档案的管理制度，档案资料的归档、收集，档案资料的保管情况等方面。① 查阅项目档案管理制度建立情况，评价其是否符合行业、电网公司规定要求。② 查阅项目各类管理运行台账是否记录齐备、完整。

（3）政策执行情况评价。

政策执行情况评价主要包括相关法律、法规、规定、标准执行情况等方面。① 查阅项目相关法律、法规、规定、标准执行情况资料，评价其是否符合相关要求。② 分析政策的执行过程有无改进建议。

3. 评价依据（见表 4-35）

表 4-35　　　　　　　　　项目经营管理评价依据表

序号	评价内容	评 价 依 据	
		国家、行业、企业相关规定	项目基础资料
1	项目管理组织机构	各电网企业相关规定	（1）项目管理组织机构设置资料； （2）项目管理信息网资料； （3）项目管理者相关资料； （4）项目技术人员培训资料； （5）项目管理规章制度
2	项目文档管理	（1）电子文件归档与管理规范； （2）基于文件的电子信息的长期保存； （3）归档文件整理规则； （4）照片档案管理规范； （5）各电网企业相关规定	（1）项目档案的管理制度； （2）项目各类管理运行台账
3	政策执行情况	（1）相关法律、法规、规定、标准； （2）各电网企业相关规定	项目政策的执行过程资料

注　相关评价依据应根据国家、企业相关规定，动态更新。

第四节 项目经济效益评价

1. 评价目的

经济效益评价是根据配电网工程实际发生的总投资、运维费用、经济效益等财务数据，计算项目的投资净现值、投资回收期、投资收益率、偿债备付率和利息备付率等财务指标，综合评价项目的盈利能力、偿债能力和营运发展能力，判断项目对投资者的价值贡献。

2. 评价内容与要点

经济效益评价主要是计算后评价时点的配电网工程经济效益相关指标，分析项目经济效益情况，并提出应对策略或建议。配电网工程经济效益评价主要参数如下：

（1）总投资：总投资反映项目的投资规模，分别形成固定资产、无形资产和其他资产三部分。

（2）总成本费用：项目总成本费用包括生产成本和财务费用两部分。生产成本包括折旧费、摊销费、材料费、工资及福利费、维护修理费和其他费用等。

（3）财务收益：项目财务收益包括直接收益和间接收益两部分。直接效益主要是电量收益，由项目增供电力和相应的输配电价决定。间接效益主要由减少停电收益和降损收益构成。

配电网工程经济效益评价是基于总成本费用、财务收益及相关财务参数，进行科学地财务指标计算，并开展敏感性分析，从而分析评价项目的盈利能力、偿债能力和财务生存能力。相关指标如下：

（1）盈利能力指标：财务内部收益率、财务净现值、项目投资回收期、总投资收益率、项目资本金净利润率等。

（2）偿债能力指标：利息备付率、偿债备付率。

配电网工程经济效益评价要点和方法如下：

（1）总成本费用测算。

1）总投资。配电网工程总投资，即评价时间段内的所有单项配电网工程投资之和。

2）运维费用。运行维护费是指配电网工程维持正常运行的费用，包括材料费、修理费、职工薪酬和其他费用。

材料费指电网企业为配电网工程提供输配电服务所耗用的消耗性材料、事故备品、低值易耗品等费用，一般项目的材料费不高于其固定资产原值的1%。

修理费指电网企业为了维护和保持配电网工程相关设施正常工作状态所进行的修理活动所发生的费用，一般配电网工程的修理费不高于其固定资产原值的1.5%。

职工薪酬指电网企业为提供配电服务的职工提供的各种形式的报酬，包括职工工资、奖金、津贴和补贴，职工福利费，养老保险、医疗保险费、工伤保险费、失业保险和生育保险费等保险费用，住房公积金，工会经费和职工教育经费等。一般电网企业职工薪酬参考所在地市统计部门公布的当年电力、燃气及水的生产和供应业人均工资水平核定，配电网工程职工薪酬应根据资产占比在企业总职工薪酬中进行合理分摊。

其他费用指电网企业提供正常配电服务发生的除以上成本因素外的费用。包括办公费、会议费、水电费、研究开发费、电力设施保护费、差旅费、劳动保护费、物业管理费、保险费、劳动保险费、土地使用费、无形资产摊销等。一般电网企业其他费用不应超过当年固定资产原值的2.5%，配电网工程其他费用应根据资产占比在企业总其他费用中进行合理分摊。

3）折旧费。配电网工程固定资产采用年平均直线法折旧，折旧年限15年，残值率5%。

4）摊销费。配电网工程摊销费是无形资产和递延资产的分期平均摊销，摊销年限按5年计算。

5）财务费用。配电网工程财务费用是为筹集债务资金而发生的费用，包括生产经营期间发生的利息支出、汇兑净损失、相关的手续费及筹资发生的其他费用，按发生额实际计入。

（2）经济收益测算。

基于当前电网公司财务统一结算的管理实际，配电网工程财务收益尚不能独立核算，应采用适当方法从全局售电收入中进行科学剥离，合理计算归属于某年度配电网工程增量投资所带来的收益。首先根据电网总资产中主、配网资产或容量比例，测算出主配网收益分摊比例，其次再根据该局年度配网投资新增资产占配网总资产净值总额比例，测算出评价年度配网投资收益分摊比例。

1）主配网收益分摊比例。为减少配网投资、基建投资年度投资规模之间波动因素的影响，年度主配网分摊比例可以采用多年平均（加权）的方法取定，必要时可以采用适当方法对主配网分摊比例进行修正。全市及各区县均取统一比例，不再按各区各自情况分别测算。该分摊比例一般在 0.3～0.5 的区间内，若超出该区间，宜对基础资料进行认真复核。

主配网收益分摊比例计算公式如下：

$$主配网收益分摊比例 = \frac{配网投资收益}{全局电网投资收益}$$

$$= \frac{配网资产总额（净值）}{全局电网资产总额（净值）} \times 0.7 +$$

$$\frac{配网变电容量}{全局电网变电总容量} \times 0.3$$

以上 0.7 和 0.3 的权重为参考权重，实际计算时可适当调整。当变电容量相关资料难以获取时，也可以不考虑变电容量情况，只根据资产比例确定分摊比例。

评价年份（以 2016 年为例）的配网效益的分摊比例计算公式如下：

2016 年配网投资收益分摊比例 =

$$\frac{年度配网投资新增资产（净值）}{配网资产总额（净值）} \times 主配网收益分摊比例$$

2）单位网售电量年度配网投资分摊收益。

单位网售电量年度配网投资分摊收益 =

（售电量 × 平均售电单价 − 供电量 × 平均购电单价）×

年度配网投资收益分摊比例

3）单位电量收益预测。评价配网投资单位电量收益预测，须先根据上文计算得出的近 3～5 年单位电量收益，从而绘制出单位电量收益变化趋势图。通过总结和分析配网单位电量收益变化趋势图，合理预测未来年份的单位电量收益。

4）售电量预测。对未来 5 年由评价年度配网投资引起电量增长比率进行预测，5 年后保持不变。售电量增长率的计算应在该地市电网规划中预测的总电量增长率中进行分摊，一般取规划总电量增长率的 20%。结合当地电网规划等相关材料，确定未来 5 年的电量总增长率，并乘以 20%，即为配网投资引起的电量增长率。

5）财务收益测算。综合以上各式并结合单位电量收益预测和售电量预测即可计算经营期内财务收益。

（3）经济效益指标计算与评价。

1）盈利能力。① 财务内部收益率（financial Internal rate of return，FIRR），是考虑到项目在经营期内的净现金流量的现值之和为零时的折现率，即把项目的财务净现值折现为零时的折现率，是考察项目盈利能力的主要动态评价指标。其计算公式如下：

$$\sum_{t=1}^{n}(CI-CO)_t(1+FIRR)^{-t}=0 \qquad (4-1)$$

式中　CI——现金流入量；

　　CO——现金流出量；

$(CI-CO)_t$——第 t 期的净现金流量；

　　n——项目计算期。

一般而言，求出的 $FIRR$ 应与行业的基准收益率（i_c）比较。当 $FIRR \geq i_c$ 时，应认为项目在财务上是可行的。同时，还可通过给定期望的财务内部收益率，测算项目的电量电价和容量电价，与政府主管部门发布的现行输配电价收取标准对比，判断项目的财务可行性。

② 财务净现值（financial net present value，FNPV），是在项目全生命周期内的各项净现金流量，按照电力行业的基准收益率或选定的标准折现率折现到项目初期的现值总和。计算公式如下：

$$FNPV=\sum_{t=1}^{n}CF_t(1+i)^{-t} \qquad (4-2)$$

式中　CF_t——各期的净现金流量；

　　n——项目计算期；

　　i——基准收益率。

只有当财务净现值大于或等于零时，项目才是经济上可行的，财务净现值越大，项目的盈利水平也就越高。

③ 项目投资回收期（payback period，PBP），是以投资收益来回收项目初始投资所需要的时间，是考察项目财务上投资回收能力的重要静态评价指标，也是评价项目风险的重要指标，项目的投资回收期越短，风险越小。可通过求解项目累计现金流量为零的时期计算而得：

$$\sum_{t=1}^{P_t}(CI-CO)_t=0 \qquad (4-3)$$

投资回收期也可用项目投资现金流量表中累计净现金流量计算求得，即动态投资回收期，计算公式如下：

$$P_t = T - 1 + \frac{\left| \sum_{i=1}^{T-1}(CI-CO)_i \right|}{(CI-CO)_T} \qquad (4-4)$$

式中　T——各年累计净现金流量首次为正值或零的年数。

投资回收期指标因其未考虑到资金的时间价值、风险、融资及机会成本等重要因素，并且忽略了回收期以后的收益，所以往往仅作为一个辅助评价方法，结合其他评价指标来评估项目风险的大小。

④ 总投资收益率（return on investment，ROI），是项目达到设计能力后正常年份的年息税前利润或运营期内平均息税前利润（earnings before interests and Taxes，EBIT）占项目总投资（total investment，TI）的比率，体现的是总投资的盈利水平。计算公式如下：

$$ROI = \frac{EBIT}{TI} \times 100\% \qquad (4-5)$$

式中　$EBIT$——项目正常年份的年息税前利润或运营期内年平均息税前利润；

TI——项目总投资，是动态投资和生产流动资金之和。

总投资收益率高于同行业的收益率参考值，表明用总投资收益率表示的盈利能力满足要求，其计算方法简单，但忽略了资金的时间价值，因而往往用于横向比较。

⑤ 项目资本金净利润率（return on equity，ROE），是指项目经营期内达到正常设计能力后一个正常年份的年税后净利润或运营期内平均净利润（Net Profit，NP）占项目资本金（equity capital，EC）的比率，反映了项目投入资本金的盈利能力。计算公式如下：

$$ROE = \frac{NP}{EC} \times 100\% \qquad (4-6)$$

式中　NP——项目正常年份的年净利润或运营期内年平均净利润；

EC——项目资本金。

项目资本金收益率体现的是单位股权资本投入的产出效率。项目资本金净利润率常用于比较同行业的盈利水平，在其他条件一定的情况下，项目资本金净利润率高于同行业的净利润率参考值，表明用项目资本金净利润率表示的盈利能力满足要求。

2）偿债能力。① 利息备付率（interest coverage ratio，ICR），指在借款偿还期内的息税前利润（*EBIT*）与应付利息（*PI*）的比值，考察的是项目现金流对利息偿还的保障程度，计算公式如下：

$$ICR = \frac{EBIT}{PI} \tag{4-7}$$

式中　*EBIT*——息税前利润；

　　　PI——计入总成本费用的应付利息。

利息备付率反映了项目获利能力对偿还到期利息的保证倍率。要维持正常的偿债能力，利息备付率应不小于2。利息备付率越高，偿债能力越强。

② 偿债备付率（debt service coverage ratio，DSCR），是指在借款偿还期内，项目各年可用于还本付息的资金与当期应还本付息金额的比率，计算公式如下：

$$DSCR = \frac{(EBITAD - TAX)}{PD} \tag{4-8}$$

式中　*EBITAD*——息税前利润加折旧和摊销；

　　　TAX——企业所得税；

　　　PD——应还本付息金额，包括还本金额和计入总成本费用的全部利息。融资租赁费用可视同借款偿还。运营期内的短期借款本息也应纳入计算。

偿债备付率反映了项目获利产生的可用资金对偿还到期债务本息的保证程度，偿债备付率应不小于1.2。偿债备付率越高，偿债能力越高，融资能力也就越强。

3. 评价依据

表4-36　　　　　　　　　　　项目经济效益依据表

序号	评价内容	评 价 依 据	
		国家、行业、企业相关规定	项目基础资料
1	经济效益评价	（1）建设项目经济评价方法与参数（第三版）；	（1）竣工决算报告及附表； （2）项目运行单位资产负债表、利润表和成本快报表； （3）项目运行单位折旧政策表； （4）项目融资情况详表及还款计划；

序号	评价内容	评 价 依 据	
		国家、行业、企业相关规定	项目基础资料
1	经济效益评价	（2）DL/T 5438—2009《输变电工程经济评价导则》； （3）国家、行业相关的财务税收政策制度	（5）项目区域供电量和售电量； （6）项目所在地市的电网规划报告； （7）政府批复的输电价和售电价； （8）项目运行单位执行的营业税金及附加税率、所得税率及税收优惠政策； （9）区域配网资产总额和全网资产总额（净额）； （10）配网变电容量和全网变电总容量； （11）年度配网投资新增资产和配网资产总额（净值）

注　相关评价依据应根据国家、企业相关规定，动态更新。

第五节　项目环境效益评价

1. 评价目的

环境效益是指配电网工程对周围地区在自然环境方面产生的作用、影响及效益。环境效益评价主要目的是通过对配电网项目群对所在区域的环境影响情况与环保效果进行调查，综合判定配电网工程总体环境效益情况。

2. 评价内容与要点

项目环境效益评价主要是评价配电网工程中各单项工程实施过程中环保措施及制度建设情况是否到位、配电网项目群对工程所在区域的环境是否造成影响。评价内容主要包括：对地区环境影响评价、环保效果评价。

（1）对地区环境影响评价。

1）评价配电网工程对所在区域环境保护敏感目标的影响，主要包括各配电网工程对自然历史遗产、自然保护区、风景名胜区和水源保护区等生态敏感区的环境影响。

2）评价各配电网工程在建设占地及施工过程方面对生态环境造成的影响。对于农网工程，需统计农网工程在施工过程中占用耕地情况，评价农网工程在减少施工临时占用以及永久占用耕地方面的措施是否得力。

（2）环保效果评价。

1）针对节能降耗工作相关改造工程，统计配电网工程涉及区域内改造前后高损耗变压器占比，分析节能降耗成效。

2）分析配电网工程在降低地区线损率方面做出的贡献。

3）针对"电能替代"工作相关的配电网工程，可根据地区相关政策、电能替代年度指标等材料，分析评价配电网工程在电能替代，促进能源结构优化方面的贡献。

4）分析配电网工程建设对区域清洁能源利用的促进作用及环保效果。

（3）项目环境效益评价结论。

根据以上各项评价，对配电网工程环境影响进行概括性汇总，得出综合评价结论，重点环保效果等内容。

3. 评价依据（见表 4-37）

表 4-37 项目环境效益评价依据表

序号	评价内容	评 价 依 据	
		国家、行业、企业相关规定	项目基础资料
1	环保指标达标情况	（1）GB 12348—2008《工业企业厂界环境噪声排放标准》； （2）GB 3096—2008《声环境质量标准》	相关调查监测材料
2	环保措施及成果评价	建设项目环境保护管理条例（国务院令第 253 号）	（1）各项目相关设计文件； （2）各项目施工组织设计
3	环境影响与环保效果评价	（1）建设项目环境保护管理条例（国务院令第 253 号）； （2）中华人民共和国土地管理法实施条例）（2014 年修正版）； （3）基本农田保护条例（国务院令第 257 号）	（1）各项目相关设计文件； （2）各项目施工组织设计； （3）新能源送出、电能替代、节能降耗等项目相关资料

注 相关评价依据应根据国家、企业相关规定，动态更新。

第六节 项目社会效益评价

1. 评价目的

配电网工程的投资建设与社会发展之间存在着紧密的联系。配电网工程的建成、运营需要较多的资金、资源投入，涉及面积较广，其社会效益呈现出一种综合性。这种综合性体现在配电网工程中各工程及项目整体对经济社会发展、产业技术进步以及其他方面的综合影响。社会效益评价的目的主要是通过评价配电网工程对区域经济社会发展、产业技术进步、服务用户质量等方面有何影响及促进作用，总结分析各项目对各利益相关方的效益影响情况。

2. 评价内容与要点

社会效益评价主要是通过收集各方资料，总结配电网工程各阶段社会反馈，综合评价配电网工程的社会效益。评价内容主要包括：对区域经济社会发展的影响、对服务用户质量的影响和利益相关方的效益评价。

（1）对区域经济社会发展的影响。

1）计算配电网工程支撑 GDP 能力、拉动就业效益，分析配电网工程对当地居民收入提高、生活水平提升的作用和影响。

2）根据配电网工程功能定位不同，分析配电网工程在建成后发挥的作用。

（2）对服务用户质量的影响。

1）根据配电网工程功能定位不同，分析配电网工程建成后在提升用户供电可靠性、保证电网供电质量、提升新能源消纳能力、优化网架结构等方面发挥的作用。

2）对于旨在解决无电地区供电问题的配电网工程，需分析配电网工程建成后，其所在区域减少的无电人口或无电户数。

（3）利益相关方的效益评价。

1）分析各配电网工程对政府税收及电网投资建设相关利益群体的影响。其中，配电网工程投资建设相关利益群体是指与配电网工程有直接或间接的利害关系，并对配电网工程的成功与否有直接或间接影响的所有有关各方，如配电网工程的受益人、受害人以及项目有关的政府组织和非政府组织等。

2）统计配电网工程在设备购置、勘察设计、施工、监理等过程中的投资金额，分析投资效益。

（4）项目社会效益评价总结。

根据以上各项评价，对配电网工程社会效益进行概括性汇总，得出综合评价结论，重点突出配电网工程在区域经济社会发展、服务用户质量等方面有何影响及促进作用等内容。

3. 评价依据（见表 4–38）

表 4–38　　　　　　　　　　项目社会效益评价依据表

序号	评价内容	评价依据	
		国家、行业、企业相关规定	项目基础资料
1	对区域经济社会发展的影响	—	（1）各项目年供电量、地区全社会用电量、地区 GDP、工程建设投资等相关数据； （2）相关调查资料
2	对产业技术进步的影响	—	各项目相关设计文件
3	对服务用户质量的影响	—	不同类型项目在提升服务用户质量方面的资料及数据
4	利益相关方的效益评价	—	（1）各项目各相关利益群体情况； （2）各项目建设期、运营期纳税情况； （3）各项目各阶段投资数额； （4）发电企业增发电量等数据

注　相关评价依据应根据国家、企业相关规定，动态更新。

第七节　项目可持续性评价

1. 评价目的

项目持续性是指项目的建设资金投入完成之后，项目的既定目标是否还能继续，项目是否可以持续地发展下去，接受投资的项目业主是否愿意并可能依靠自己的力量继续去实现既定目标，项目是否具有可重复性。简单来说，即为项目的固定资产、人力资源和组织机构在外部投入结束之后持续发展的可能性，未来是否可以同样的方式建设同类项目。通过项目持续性评价，能够对项目持续发展能力进行预判，以期指导待建同类项目的建设方式，改进在建同类项目的建设方式。

2. 评价内容与要点

项目持续性评价应根据项目现状，结合国家的政策、资源条件和市场环境对项目的可持续性进行分析，预测产品的市场竞争力，从项目内部因素和外部条件等方面评价整个项目的持续发展能力。评价内容主要包括：延续性评价、可重复性评价。

根据《中央企业固定资产投资项目后评价工作指南》（国资发规划〔2005〕92号）的要求，项目持续能力评价主要分析内部因素及外部条件，内部因素包括财务状况、技术水平、污染控制、企业管理体制与激励机制等，核心是产品竞争能力；外部条件包括资源、环境、生态、物流条件、政策环境、市场变化及其趋势等。由于持续能力的内部因素和外部条件在项目全生命周期内的潜在变化，因此，项目持续性评价需对影响项目的内外部因素变化形势进行预测，一般以评价者的经验、知识和项目执行过程中的实际影响为基础。

　　就配电网工程而言，其污染、生态环境影响程度较小或很小，为无关因素。项目生产物质消耗小，对物流情况要求不高，也是无关因素。配电网工程的核心是电力电量价格竞争能力，与主电网工程一样，电力电量受所在地区市场环境影响，也受政策环境影响，特别是在增量配电网放开后，社会资本允许进入增量配电网市场后，具有一定的不确定性，只有当电力电量在运营期内呈增长趋势或保持一定的平稳时，项目具备可持续性，否则持续能力较差；而电价受政策影响，特别是在新的输配电价改革形势下，在不同的监管周期内具有不确定性。电力电量价格是项目经济效益的敏感性因素，对项目可持续性具有较大影响。按项目全生命周期内计算项目的经济效益，当项目内部收益率大于或等于基准收益率，净现值大于零时，项目具备可持续性，否则持续能力较差。当然对于一些政策性项目如农网改造工程、无电地区通电工程等，经济效益并非主要因素。除了项目经济效益，技术水平也对项目可持续性产生较大影响。当项目采用"四新"应用，在设计、施工、设备材料等方面具有技术创新，达到国内或国际领先水平，且在相当长时期内引领技术发展，项目具有较强的可持续性。而项目虽采用常规的成熟的设备技术，但在相当长时期内该设备技术都不会被淘汰时，项目一定时期内具备可持续性。同样地，运营单位的运营管理水平也会对项目的持续性产生影响。当运营单位积极提升运营管理水平，如采用信息化管理手段，积极开展围绕提升运维水平和配电网安全运行的职工创新和科技项目，成果能够确实提升项目运维水平和配电网安全稳定性的，项目具备较强的可持续性。而运营单位虽未开展提升管理水平的活动，但法人治理结构相对稳定，项目同样具有一定的可持续性。

　　结合上述分析，众多因素中，资源、环境、生态、物流条件影响较小或无影响，影响电网工程持续能力的主要内部因素为项目经济效益、技术水平，运营单位运营管理水平，外部条件为政策环境、市场变化及趋势。因此，项目持续性评价主要应从项目经济效益、技术水平，运营单位运营管理水平，政策环境，市场变化及趋势等几方面因素条件去重点分析。在上述因素中，政策环境、市场变化及趋势属于可持续性的风险因素，在项目全寿命周期内有进一步变动的风险，需进一步加强对政策趋势、市场变化及趋势研判的论证。

按照项目持续性所包含的内容，其评价内容除了应评价项目延续性外，还应评价项目是否可重复，即项目的可重复性。项目的可重复性主要评价项目从前期决策到竣工投产各阶段建设经验是否可为后续同类项目所借鉴。

（1）延续性评价。

延续性评价主要评价项目的固定资产、人力资源和组织机构在外部投入结束之后持续发展的可能性，要从项目经济效益、技术水平，运营单位运营管理水平，政策环境，市场变化及趋势等几方面因素条件分析。

在持续能力的内部因素评价方面，主要评价经济效益、技术水平和运营单位运营管理水平等内部因素对项目持续能力的影响：

1）评价配电网工程经济效益对项目可持续能力的影响。在后评价时点以后的电量电价基于电价政策环境和市场变化的条件下进行预测。当项目内部收益率大于或等于基准收益率，净现值大于或等于零，项目具有可持续能力，否则，持续性较差。

2）评价配电网工程设计、施工、设备材料的技术水平对项目可持续能力的影响。当项目采用"四新"（新技术　新工艺　新材料　新设备）应用，在设计、施工、设备材料等方面具有技术创新，达到国内或国际领先水平，且在相当长时期内引领技术发展，项目具有较强的可持续性。而项目虽采用常规的成熟的设备技术，但在相当长时期内该设备技术都不会被淘汰时，项目一定时期内具备可持续性。否则，项目持续性较差。

3）评价配电网工程的运营管理水平对项目可持续能力的影响。当运营单位积极提升运营管理水平，如采用信息化管理手段，积极开展围绕提升运维水平和配电网安全运行的职工创新和科技项目，成果能够确实提升项目运维水平和电网安全稳定性的，项目具备较强的可持续性。而运营单位虽未开展提升管理水平的活动，但法人治理结构相对稳定，项目具有一定的可持续性。否则，项目持续性较差。

在持续能力的外部条件评价方面，主要评价政策环境和市场变化及趋势等外部条件对项目持续能力的影响：

1）评价运营期内政策环境对项目可持续能力的影响。当运营期内政策环境如电价政策对项目运营有利时或虽然不利,但可通过自身途径将影响降低时,项目具有可持续性。否则,项目持续性较差。

2）评价运营期内市场变化及趋势对项目可持续能力的影响。当所在地区经济形势整体良好,负荷在一定时期内呈增长或保持稳定时,项目具有可持续性。否则,项目持续性较差。

（2）可重复性评价。

可重复性评价主要是评价未来是否可以同样的方式建设同类项目,是否具备重复性。评价时,应重点梳理提炼项目从前期决策到竣工投产各阶段可供借鉴的经验或成熟做法,评价是否具备重复性。

1）梳理提炼前期决策阶段可供借鉴的经验或成熟做法,评价是否具备重复性。如前期决策流程优化、决策方式亮点等。由于是项目,可以管理水平较好的区县为单位进行整体梳理提炼。

2）梳理提炼实施准备阶段可供借鉴的经验或成熟做法,评价是否具备重复性。如设计技术、招标方式、合同管理模式及取得的成效等。由于是项目,可以管理水平较好的区县为单位进行整体梳理提炼。

3）梳理建设实施阶段可供借鉴的经验或成熟做法,评价是否具备重复性。如建设管理模式,施工工艺,进度、造价管控经验,验收方式等。由于是项目,可以管理水平较好的区县为单位进行整体梳理提炼。

3. 评价依据

国家、行业、企业相关规定和项目基础资料是开展项目可持续性评价的依据,同时对于未来的预判还需依据政策、技术、市场发展趋势。评价依据具体见表 4-39,项目基础资料包含但不限于表中内容。

表 4-39   **项目可持续性评价依据**

序号	评价内容	评 价 依 据	
		国家、行业、企业相关规定	项目基础资料
一		项目延续性评价	
1	经济效益	—	（1）项目财务经济效益评价结论; （2）配电网规划文件
2	技术水平	—	项目技术水平评价结论

序号	评价内容	评 价 依 据	
		国家、行业、企业相关规定	项目基础资料
3	运营管理水平	—	（1）培训记录、总结等相关资料； （2）职工创新和科研项目相关资料
4	政策环境	国家、地方颁发的与电力市场有关的政策文件	—
5	市场变化及趋势	国家、地方颁发的与电力市场有关的政策文件	（1）统计年鉴； （2）地区经济发展、配电网规划文件
二	可重复性评价		
1	前期决策阶段可重复性评价	—	涉及规划、设计亮点的相关文件
2	实施准备阶段可重复性评价	—	涉及招标、合同管理、开工准备亮点的相关文件
3	建设实施阶段可重复性评价	—	涉及施工、验收、工程管理亮点的相关文件

注 相关评价依据应根据国家、企业相关规定，动态更新。

第八节 项目后评价结论

1. 评价目的

项目后评价结论是在以上各章完成的基础上进行的，是对前面几部分评价内容的归纳和总结，是从项目整体的角度，分析、评价项目目标的实现程度、成功度以及可持续性。对前述各章进行综合分析后，找出重点，深入研究，给出后评价结论。

2. 评价内容与要点

综合配电网工程全过程及各方面的评价结论，并进行分析汇总，形成项目后评价的总体评价结论。评价内容主要包括：项目成功度评价、项目后评价结论、主要经验及存在问题。

（1）项目成功度评价。

根据配电网工程目标实现程度的定性的评价结论，采取分项打分的办法，评价项目总体的成功程度。

依据宏观成功度评价表，对被评价的配电网工程项目建设、效益和运行情况分析研究，对配电网工程各项评价指标的相关重要性和等级进行了评判。针对被评价项目侧重的工程重点，各评定指标的重要程度应相应调整。

表 4-40 显示了工程项目的综合成功度评价的内容。

表 4-40　　　　　　　　　　综 合 成 功 度 评 价 表

评定项目目标	项目相关重要性	评定等级	备注
（1）宏观目标和产业政策			
（2）决策及其程序			
（3）布局与规模			
（4）项目目标及市场			
（5）设计与技术装备水平			
（6）资源和建设条件			
（7）资金来源和融资			
（8）项目进度及其控制			
（9）项目质量及其控制			
（10）项目投资及其控制			
（11）项目经营			
（12）机构和管理			
（13）项目经济效益			
（14）项目经济效益和影响			
（15）社会和环境影响			
（16）项目可持续性			
项目总评			

注　（1）项目相关重要性：分为重要、次重要、不重要。

　　（2）评定等级分为：A-成功、B-基本成功、C-部分成功、D-不成功、E-失败。

项目的成功度从建设过程、经济效益、项目社会和环境影响以及持续能力等几个方面对工程的建设及投产运行情况进行了分析总结。根据项目成功度的评价等级标准，由专家组对各项评价指标打分，结合各指标重要性，得到项目的综合成功度结果。

（2）项目后评价结论。

根据前述各章的分析，给出配电网工程建设、运行各阶段总结与评价结论，效果、效益及影响结论，总结出配电网工程的定性总结论。

项目后评价结论，应定性总结与定量总结想结合，并尽可能用实际数据来表述。后评价结论是对配电网工程投资、建设、运营的全面总结，应覆盖到后评价的各个方面。但同时要注意，后评价结论是提纲挈领的总结性章节，应高度概括，归纳要点，突出重点。

（3）主要经验及存在问题。

根据项目后评价结论，总结配电网工程建设运行的主要经验及存在问题。主要从两个方面来总结：一是"反馈"，总结配电网工程本身重要的收获和教训，为配电网工程未来运营提供参考、借鉴；二是"前馈"，总结可供其他项目借鉴的经验、教训，特别是可供项目投资方及项目法人单位在项目前期决策、施工建设、生产管理等各环节中可借鉴的经验、教训，为今后建设同类项目提供经验，为决策和新项目服务。

第九节　对　策　建　议

1. 评价目的

后评价开展的目的，是通过对建成投产的配电网工程进行科学、客观、公正、全面的分析评价之后，一方面总结成功经验并推广应用，另一方面查找和发现问题，以项目问题的诊断和综合分析为基础，提出合理、科学和有效的对策建议。

2. 评价内容与要点

对策建议是针对所评价的配电网工程在后评价过程中发现问题或现象给出的反馈意见。一方面对项目本身在规划、计划、实施和运行等环节中存在的问题提出针对性对策建议，目的是项目单位在后续项目的工程建设运营中避免或减少类似问题。另一方面对相关政策、制度完备性或执行力方面提出对策建议，目的是通过完善政策制度建设和加强已有制度执行力来改进和提高项目投资决策和运营。项目后评价的对策建议应实事求是、易懂、可操作，并具有很强的实践价值。

（1）对国家、行业及地方政府的宏观建议。

针对国家、行业及地方政府的宏观建议，应从以下两方面入手：其一，政策研究。深入探讨项目存在的问题，研究有关政策，对有关行业发展的政府主管部门和国家政策方面提出适合完善和改进的方向性建议；其二，提炼问题，推进实施。要由项目的评价效果和存在的问题引申提出，按照"容易实施""可操作"的原则，提出与之适配的宏观建议与对策。

（2）对企业及项目的微观建议。

针对企业及项目的微观建议，应从以下两方面进行着手：其一，对投资主体及项目法人提出具体的对策建议；其二，由项目的评价效果和存在的问题引申提出。

对策建议的语言及表述应注意以下两个方面：一是遣词精练，达意准确。对策建议的语言不出现空洞，模棱两可的词语，尽量使用句法结构简单的短句，便于理解。慎用长句，因其句法结构较复杂，读后不易迅速抓住其要旨。句子与句子之间要有一定的连贯性，力求衔接紧凑，逻辑性强。二是不同部分应当详略得当，表述应做到言简意赅。此外，表述要有独立性与自明性。

第五章

配电网工程后评价实用案例

为了更好地使电力工程后评价专业人士开展配电网工程后评价，本章选取具体的配电网工程开展案例分析。对照第二章后评价常用方法和第四章配电网工程后评价介绍，按照评价抓核心、抓重点原则，围绕项目概况、项目实施过程评价、项目实施效果评价、项目经济效益评价、项目环境效益评价、项目社会效益评价、项目可持续性评价、项目后评价结论和对策建议等九大部分，深入浅出地介绍了各章具体评价内容和评价指标，形成配电网工程后评价报告基本模板，以供读者共飨。

第一节 项 目 概 况

1. 项目情况简述

××供电局 2013 年配电网工程包括××、××等区县的变电站 10kV 出线和配电网改造工程等新建配电网工程。根据××公司下达的投资计划，××供电局分别于 2013 年 2 月 11 日和 2013 年 4 月 14 日批复了××市 2013 年新建配电网工程的立项，××供电局 2013 年配电网投资项目（第一批）共计立项 190 个项目，立项计划金额为 33333.04 万元，共建设与改造 10kV 线路 418.42km（其中电缆 78.62km，架空线 339.80km），新增（更换）配电变压器 200 台，容量 39411kVA，改造台区 232 个，建设与改造低压线路 429.59km；××供电局 2013 年配电网投资项目（第二批）共计立项 156 个项目，立项计划金额为 27020.34 万元，共建设与改造 10kV 线路 268.37km（其中电缆 79.01km，架空线 189.35km），新增（更换）配变 131 台，容量 36783kVA，改造台区 193 个，建设与改造低压线路 280.31km；后因青苗补偿、市政规划和民事问题等原因，项目经取消及增补，调整后共计立项 330 个项目，立项调整计划金额为 50365.15 万元。工程实际竣工项目数为 330 个，竣工决算金额为 50248.31 万元，共建设与改造 10kV 线路 618.57 万元（其中电缆 158.75km，架空线 459.82km），新增（更换）配电变压器 309 台，容量 71108.78kVA，改造台区 446 个，建设与改造低压线路 545.853km。各区县局具体情况见表 5–1。

表 5–1　　　　　　　　　　　项 目 基 本 情 况

序号	区县局	初始立项		立项调整		实际投资	
		项目数	金额	项目数	金额	项目数	金额
1	地区 1	48	11033.64	48	9054.55	48	9044.32
2	地区 2	73	10502.37	70	8550.04	70	8542.46
3	地区 3	80	10545.52	75	9047.82	75	9044.55
4	地区 4	30	11154.40	27	9060.34	27	9044.70
5	地区 5	44	6881.51	46	6109.01	46	6029.90
6	地区 6	71	10235.94	64	8543.38	64	8542.39
合计		346	60353.38	330	50365.14	330	50248.32

项目法人：××公司；建设单位：××供电局；设计单位：××公司、××公司等；监理单位：××公司；施工单位：××公司等，各单位的资质等级和工作任务等，见表 5–2。

表 5–2　　　　　　　　参建单位资质介绍及工作任务汇总

序号	单位名称	资质等级	具体工作任务
一、设计单位			
1	××公司	送变电工程专业设计乙级	配电网勘察设计
……			
二、施工单位			
1	××公司	建筑三级	配电网土建施工
……			
三、监理单位			
1	××公司	电力工程甲级	配电网施工监理
……			

2. 项目主要建设内容

项目主要建设内容是指配电网的实际建设规模，主要内容包括：配电变压器容量、台数、户表、线路长度等，见表5-3。

表5-3　　　　　　　　　　　　项目主要建设规模表

项目	单位	计划投资	计划调整	竣工规模	变化率（%）
**线路	km	686.79	641.98	618.57	−3.65
其中：电缆	km	157.63	164.28	158.75	−3.36
架空	km	529.15	477.71	459.82	−3.74
低压线路	km	709.90	624.02	545.85	−12.53
开关柜	面	232	196	205	4.59
电缆分支箱	台	130	130	126	−3.08
柱上开关	个	93	91	115	26.37
电缆沟	m	86630	86204	79146	−8.19
开关房	间	3	3	3	0
配电变压器	台	331	305	309	1.31
建设台区	个	425	392	446	13.78

注　表中变化率指标为竣工规模指标与计划调整指标的变化比率。

3. 项目总投资

××供电局2013年配电网工程项目初始立项金额为60353.38万元，后经取消及增补，调整后立项计划金额为50365.15万元，工程实际投资为50248.31万元，见表5-4。

表5-4　　　　　　　　　　项 目 总 投 资 情 况 表　　　　　　　　单位：万元

序号	地区局	初始立项金额	立项调整金额	实际投资
1	地区1	11033.64	9054.55	9044.32
2	地区2	10502.37	8550.04	8542.46
3	地区3	10545.52	9047.82	9044.55
4	地区4	11154.40	9060.34	9044.70
5	地区5	6881.51	6109.01	6029.90
6	地区6	10235.94	8543.38	8542.39
合计		60353.38	50365.15	50248.31

4. 项目运行效益现状

通过 2013 年配电网工程的建设，××局整体基本实现了工程效果目标：重（过）载线路比率和高损耗配变比率分别由 2013 年的 10.63%和 13.81%降到 2014 年的 5.63%和 8.24%，提高了设备的健康运行水平；用户平均停电时间累计降低 98490 小时·户，停电可转供率和综合电压合格率分别由 2013 年的 40.30%和 99.61%升高到 2014 年的 74.63%和 99.91%，提高了供电安全可靠性和供电质量；线损率由 2013 年的 4.0%下降到 2014 年的 2.33%，提高了配电网运行的经济水平。但诸如部分区县局重（过）载线路、配变比率和高损耗配变比率较高的问题，需进一步增加配电网投资力度，加大对线路、配变重过载的改造和高损耗配变的更换工作。

从各区县局的工程效果目标实现程度来看，各区县局基本实现改善目标，对于重（过）载线路比率、高损耗配变降低率改善幅度不甚明显区县，应继续加大投入，加强对配电网负荷的预测和监测工作，同时，加快对高损耗配变的更换工作，降低配电网电能损耗。

第二节 项目实施过程评价

一、项目前期决策评价

1. 规划评价

配电网规划是指导配电网投资项目建设的主要依据，其编制应坚持与经济、社会、环境协调发展、适度超前和可持续发展的原则。根据××电网公司的总体部署，××供电局"十二五"电网规划工作于 2008 年 8 月份正式启动。××设计单位接受××供电局委托，在《××供电局"十一五"电网规划》及其他规划成果的基础上，按照构建"结构合理、技术先进、安全可靠、适度超前""节能环保"的现代化电网的总目标，开展了××供电局"十二五"电网规划工作。××设计单位具有工程设计甲级资质，满足《关于印发××电网公司电网规划设计内容深度规定的通知》中对电网规划设计单位的要求"电网规划设计由电网公司委托有资质的中介机构承担"的要求。

2009 年 7 月，××电网公司组织相关专家在××市召开了××供电局"十二五"电网规划专题规划评审会议，评审认为：报告基本满足《××电网公司

"十二五"电网规划专家评审要点》的要求,内容丰富。推荐的目标电网能够满足规划期内××市的用电需求,提出的电网规划原则基本符合电网规划相关导则、原则和规程规范要求,测算指标可满足《指导原则》的要求。规划报告按评审意见修改后,可以作为"十二五"期间××市电网建设的重要指导依据,并于2009年9月××日以《关于××市十二五电网专题规划的批复》(××号)对××市"十二五"规划做出了批复。

(1)规划项目响应度。

规划项目响应度是反映配电网实际实施项目对应于配电网年度滚动规划的项目数量及项目金额的响应程度,××供电局各地区2013年配电网工程规划项目响应度基础数据见表5-5。从表中可以看出,实际实施的项目绝大部分来自于配电网年度规划,××局整体实际实施项目来源于规划项目的占92.80%,综合各地区局实施项目对应于配电网年度滚动规划的项目数量及项目金额的响应程度,地区1、地区3和地区5的响应程度较好,地区6较低,主要受项目变更多的影响,部分项目调出。

表5-5　　××供电局2013年配电网工程规划项目响应度基础数据表

序号	地区	实际实施来源于规划项目数(个)	实际实施项目数(个)	实际实施项目来源于规划项目投资金额(万元)	实际实施项目投资额(万元)	规划项目响应度(%)
1	地区1	47	48	8349.02	8423.20	98.52
2	地区2	65	70	7107.95	7963.47	91.06
3	地区3	73	75	8388.03	8564.48	97.64
4	地区4	23	27	8008.28	8618.22	89.05
5	地区5	45	46	5504.83	5661.55	97.53
6	地区6	52	64	6677.54	8027.10	82.22
合计		305	330	44035.65	47258.00	92.80

(2)负荷预测准确度。

从表5-6可以看出,××供电局整体负荷预测准确度为92.98%,下属地区中,地区1和地区5负荷预测准确度较低,在90%以下,主要为受金融危机影响较大,13年经济增长势头放缓,其余地区负荷预测准确度均在90%以上,见表5-6。

表 5-6　　　××供电局 2013 年配电网工程规划负荷预测与实际对比结果

序号	地区	2013 年供电负荷		负荷预测准确度（%）
		规划预测值	实际值	
1	地区 1	884.40	773.85	87.50
2	地区 2	697.47	645.61	92.56
3	地区 3	427.13	400.39	93.74
4	地区 4	357.78	326.63	91.29
5	地区 5	211.05	187.94	89.05
6	地区 6	351.75	335.67	95.43
合计		2864.25	2663.25	92.98

2. 可行性研究评价

××供电局在前期规划的基础上，依据《××电网公司电网前期工作管理办法（试行）》的程序要求，开展可行性研究工作。本项目的可研报告由××设计院编制，该单位具有综合甲级资质。

（1）可研规模准确度。

可研规模准确率评价主要对比实际实施项目可研阶段与实际投产阶段的线路、配变规模偏差，反映可研阶段项目的规模估算准确度。

统计××供电局各地区 2013 年配电网工程可研规模准确度见表 5-7。

表 5-7　　　　　　　　　　可研规模准确度指标统计表

基础数据		单位	地区 1	地区 2	地区 3	地区 4	地区 5	地区 6	合计
实际实施项目可研阶段规模	线路	km	68.61	103.44	152.14	119.33	96.63	101.85	642.00
	配电变压器	kVA	8703	18442	10110	3347	9432	19185	69219
实际实施项目投产规模	线路	km	65.80	93.67	149.50	118.66	93.48	97.10	618.20
	配电变压器	kVA	9507	18492	10060	3774	9784	19492	71109
可研规模准确度		%	93.33	95.14	98.88	93.33	96.51	96.87	96.78

从表 5-7 可以看出，××供电局整体可研规模准确度为 96.78%，下属地区

中，地区 1 和地区 4 可研规模准确度在 95%以下，主要原因为受部分项目发生方案调整和设计变更导致规模出现较大变化。

（2）可研投资估算准确度。

投资估算的准确性不仅直接影响到可行性研究阶段的结论，而且还会关系到计划阶段投资分配及设计阶段概预算编制工作，是前期决策过程中的重要任务之一。统计××供电局各地区 2013 年配电网工程可研投资估算准确度见表 5-8。

表 5-8   可研投资估算准确度指标统计表

基础数据	单位	地区 1	地区 2	地区 3	地区 4	地区 5	地区 6	合计
实施项目估算总投资	万元	8349.02	7107.95	8388.03	8008.28	5504.83	6677.54	44035.65
实施项目竣工决算	万元	8423.20	7963.47	8564.48	8618.22	5661.55	8027.10	47258.00
可研投资估算准确度	%	99.11	87.96	97.90	92.38	97.15	79.79	92.68

从表 5-8 可以看出，××供电局整体可研投资估算准确度在 92.68%，下属地区局可研投资估算准确度都在 75%以上，估算准确度较高。

3. 可研报告评审评价

受××供电局委托，2013 年 12 月××日，××电网公司组织召开了××供电局 2013 年 10（20）kV 及以下配电网项目可行性研究报告评审会。会议原则同意各项目可行性研究报告的建设方案，并重点列出主要项目建设方案修改意见和建议。会后根据审查结果，××供电局对上报的可行性研究报告进行了修改。××电网公司于 2013 年 12 月××日，发文对可研报告出具批复意见，同意可研报告的内容。

4. 投资计划评价

（1）计划管理能力评价。

计划管理能力评价主要对比实际投产项目计划阶段与实际投产阶段在项目数量和金额方面的偏差，反映计划阶段项目管理能力。统计××供电局各地区 2013 年配电网工程立项变更率情况见表 5-9。

表 5-9   项目立项变更率指标统计表

基础数据	单位	地区 1	地区 2	地区 3	地区 4	地区 5	地区 6	合计
变更项目投资金额绝对值之和	万元	294.96	265.68	568.26	1023.89	442.89	3320.86	5916.55
计划投资金额	万元	11033.64	10502.37	10545.52	11154.40	6881.51	10235.94	60353.38
发生项目变更的项目数	项	4	3	7	3	6	30	53
计划项目数	项	48	73	80	30	44	71	346
项目立项变更率	%	5.50	3.32	7.07	9.59	10.04	37.35	12.56

从上表可以看出，××供电局 2013 年 10kV 及以下配电网工程共有 53 个项目发生变更，所有项目均只发生 1 次变更，变更金额为 5916.55 万元，主要是由于阻工、青苗赔偿等导致部分工程项目发生变更。

从各地区项目变更情况来看，地区 2 项目变更控制较好，地区 6 项目变更数较多，占初始立项项目数的 42.25%，变更金额占初始立项投资的 32.44%，从变更原因来看，大部分是由于民事问题。建议建设单位提前介入前期工作，对项目建设可能存在的阻力环节如征地、线行落实、青赔等提前开展相关工作，及早掌控。

（2）计划实施能力评价。

计划实施能力评价主要对比实际实施项目立项阶段与实际投产阶段的线路、配变规模偏差，反映计划实施能力，见表 5-10。

表 5-10   年度立项规模投产率指标统计表   单位：km，kVA，%

序号	地区	10kV 线路			配电容量		
		立项规模	投产规模	投产率	立项规模	投产规模	投产率
1	地区 1	68.61	65.80	95.90%	8703	9507	109.24%
2	地区 2	103.44	93.67	90.55%	18442	18492	100.27%
3	地区 3	152.14	149.50	98.27%	10110	10060	99.50%
4	地区 4	119.33	118.66	99.43%	3347	3774	112.76%
5	地区 5	96.63	93.48	96.74%	9432	9784	103.73%
6	地区 6	101.85	97.10	95.34%	19185	19492	101.60%
	合计	642.00	618.20	96.29%	69219	71109	102.73%

××供电局 2013 年配电网年度立项规模投产率基础数据见上表所示。从表中可以出，除了地区 2，其他地区 10kV 线路投产率均在 95% 以上，而从配变投产率来看，除地区 3 未达到 100% 外，其余均达到 100% 以上。部分地区投产规模较立项规模变化较大主要是由于：① 项目因项目方案变更而发生的工程量的调整；② 因设计变更产生的工程量的变化；③ 设计与实际工程量的误差。因此，在新建配电网的实施过程中，应尽量避免项目变更或设计变更，确保立项项目的可实施性。

5. 决策程序评价

（1）配电网项目立项流程。

××供电局每年 5 月份下达年度配电网规划滚动修编报告任务，5～9 月编制年度规划滚动修编报告，包含配电网建设初步方案，各地区局在上报 2013 年配电网建设初步方案前，充分征求生技、市场、配营（包括供电所）、调度、安监等部门的意见，并组织会议进行讨论；发展规划部于 9～10 月组织配电营业部、工程部、设计单位等会审配电网初步方案；工程部则于 11～12 月委托设计单位开展初设，并于第二年 1 月审查初设、概算和材料清册。为控制设计与项目方案的偏差，在项目正式纳入项目储备库之前，××局一般采用项目提前设计，提前介入前期，对项目建设可能存在的阻力环节如征地、线行落实、青赔等提前开展相关工作，及早掌控，对存在阻力确实难以解决的项目则取消建设，确定配电网建设项目详细方案并经发展规划相关部门重审并通过后，再由工程部审查初设，给出审查意见并确定最终设计方案，各单位再将最终的详细方案上报发展规划部，正式形成配电网建设项目库。

（2）配电网工程前期决策情况。

2012 年 12 月 31 日，××电网公司于下达了各市局的 2013 年配电网工程投资预安排计划，要求各市局组织开展具体工程项目的施工图设计和概预算工作，并于 2013 年 3 月 15 日前上报第一批配电网项目备案，备案额度不少于投资计划的 50%，其余项目要求于 2013 年 4 月 30 日前上报备案完毕。

××供电局根据预安排投资计划，立即组织下属地区局开展××供电局 2013 年新建配电网工程项目的前期工作，要求各地区局加快开展项目的施工图设计和概预算工作。××供电局 2013 年新建配电网项目立项分批次进行，采取了有多少项目完成设计就批复多少项目的方式。第一批项目于 2013 年 2 月完成概算投资 3.34 亿元的配电网立项，4 月完成概算投资 2.69 亿元的第二批配电网立项，并将该批项目纳入了配电网建设项目库，根据需要提前实施，从而将整体工作前移，加快了工程进度。

各地区局根据预安排计划和××供电局相关文件要求，按照《××电网公司规划设计技术原则》《××市中低压配电网规划设计技术原则》，并结合××市和各地区配电网实际情况，分二批次分别上报 13 年配电网工程项目的立项请示。××供电局对各地区局上报项目进行充分地讨论和研究，确定了各批次的立项项目，并分别于 2013 年 2 月 17 日和 2013 年 4 月 17 日以《关于上报××市 2013 年新建配电网工程第一批立项项目备案的报告》（××号）和《关于上报××市 2013 年新建配电网工程第二批立项项目备案的报告》（××号）上报××电网公司进行 13 年新建配电网项目的备案。

配电网工程项目一经立项，一般不得随意更改。针对项目需要调整时，各地区局报计划发展部备案并办理变更手续，计划发展部对调整和增补项目进行了批复。

各过程请示和批复文件见表 5–11。

表 5–11　　　　　××供电局 2013 年 10kV 及以下配电网工程
决策相关依据性文件

序号	文件名称	发文单位	文号	发文时间
1	转发关于下达 2013 年××电网公司基建配电网工程预安排投资计划的通知	××供电局	××号	2013.1.7
2	转发××电网公司关于下达 2013 年电网建设投资调整计划的通知	××供电局	××号	2013.11.12
3	关于××市 2013 年新建配电网工程（第一批）立项项目的批复	××电局	××号	2013.2.11
4	关于上报××市 2013 年新建配电网工程第一批立项目备案的报告	××供电局	××号	2013.2.17
5	关于××市 2013 年新建配电网工程（第二批）立项项目的批复	××供电局	××号	2013.4.14
6	关于上报××市 2013 年新建配电网工程第二批立项目备案的报告	××供电局	××号	2013.4.17
7	关于××市 2013 年新建配电网工程取消、增补及工程量调整项目的批复	××供电局	××号	2014.2.10
8	关于××市 2013 年第一批新建配电网工程项目申请立项的报告	××地区供电局	××号	2013.1.16

序号	文件名称	发文单位	文号	发文时间
9	关于××供电局 2013 年第一批配电网项目立项的请示	××地区电局	××号	2013.1.13
10	关于××地区 2013 年新建配电网工程第二批项目立项的请示	××地区供电局	××号	2013.3.17
11	关于××地区 2013 年新建配电网工程第二批项目立项的请示	××地区供电局	××号	2013.3.26
12	关于××地区 2013 年新建配电网工程取消、增补项目的请示	××供电局	××号	2014.1.11
13	关于××地区 2013 年新建配电网工程取消项目及调整项目的请示	××供电局	××号	2014.1.14

6. 项目前期决策评价结论

××供电局 2013 年新建配电网工程立项充分结合××市各地区配电网具体情况和"十二五"配电网规划，立项依据合理，前期决策目标基本实现，实际实施项目有 92.42%的项目来自配电网规划，相较于地区 1、地区 3 和地区 5，地区 6 规划目标响应度较低，主要为配电网现状中高损耗和重（过）载配电变压器、单辐射线路仍存在较多，而受年度配电网投资的影响，需在配电网建设与改造过程中有侧重地逐步更换改造，同时，受负荷快速增长的影响，部分区县局重（过）载线路、配变比率仍较高。

从前期决策目标的实现情况来看，线路减幅 3.71%，配变容量增幅 2.73%，主要是受项目取消、增补和工程量调整所致。

二、项目实施准备评价

1. 初步设计评价

××供电局工程建设部按照《××供电局招标投标管理规定》的相关要求和招标程序，采取邀请招标方式，确定××设计院有限公司为××供电局 2013 年新建配电网工程六个标段的设计单位，各设计单位资质均符合要求，均能够按照国家和××电网公司有关规范，执行有关设计规程，推行配电网标准化设计。

设计单位能够按照《××供电局配电网工程建设管理实施细则》中配电网工程初步设计深度要求开展工程初步设计，各区县局上报立项项目初设文件，市局工程建设部组织相关部门对初步设计图纸和概算进行审查,并以《关于××市 2013 年新建配电网工程(第一批立项项目)初步设计审查的批复》(××号)和《关于××市 2013 年新建配电网工程(第二批立项项目)初步设计审查的批复》(××号)对二批次新建配电网项目初设概算进行了批复。××供电局工程建设部在组织设计审查时,为避免设计单位在设计方案、设备选型时存在差异,统一在设计环节把关,要求严格执行××电网公司 10kV 配电网工程标准设计,结合××供电局配电网运行特点,选择技术上成熟,经济上合理的设计方案,并根据标准设计中的设备材料制定出配电网工程物资统一标准,同时选用通用的设备材料,也减少了工程建设中的库存物资。

通过对比初步设计和竣工建设规模可知,部分区县局 10kV 线路和配变容量实际竣工规模较初步设计建设规模变化幅度较大,如地区 2 的 10kV 线路实际竣工建设规模较初步设计建设规模减少了 9.45%,地区 4 的配变容量实际竣工建设规模较初步设计建设规模增加了 12.76%。按照各区县局实际设计变更发生情况来看,部分区县局设计变更发生较多,部分区县局设计变更手续还有待完善,部分工程未严格履行设计变更手续。

2. 施工图设计评价

设计单位能够按照国家和××电网公司有关规范,执行有关设计规程,推行标准化设计,并且按照批复的立项规模进行施工图设计,设计图纸和文件满足内容深度要求。

施工图设计总体进度控制较好,全部施工图设计工作于 2013 年 4 月如期完成,并及时开展了施工图审查。设计单位根据审查意见及时修改完善了施工图并及时交付,满足了××供电局 2013 年新建配电网工程现场施工要求。

与批复初步设计相比,××供电局 2013 年新建配电网工程施工图在设计方案、设备选型等方面均没有发生变化。但在工程施工过程中,一些区县局存在较多项目发生设计变更,且一个项目发生多次设计变更的现象,因此,设计单位应加强设计深度,提高施工图设计质量,减少设计变更,而建设单位应加强设计审查,确保立项规模的可实施性。

3. 采购招标评价

(1)设备材料采购招投标评价。

××供电局 2013 年新建配电网工程的设备材料按照初步设计文件中主要设备材料清册所列明细均安排统一组织招标采购,物流中心根据招标结果与供货商签订工程建设设备、材料采购合同。各型号规格类材料设备满足国家标准、××电网公司和××供电局配电网工程物资标准要求。从设备材料采购合同金额来看，××供电局2013年新建配电网工程设备材料招标符合××供电局招标投标管理规定对设备材料招标标准的相关规定，招标制的执行在确保工程进度和工程质量的前提下对控制与降低工程造价起到了积极作用，见表5-12。

表5-12　　各区县局典型工程主材设备概算价和招标价对比表　　金额单位：元

序号	设备/材料名称及型号	单位	批准概算			合同金额			差　额		
			数量	概算单价	合计	数量	合同单价	合计	量差	价差	合计
1	地区1										
1.1	××10kV 线工程										
	10kV 交联电缆3×300	m	4141	532	2203012	4211	400	1684400	37240	-555852	-518612
	10kV 交联电缆3×240	m	535	452	241820	491	345	169395	-19888	-52537	-72425
1.2	××10kV 线（3期）工程										
	六分支不带开关电缆分支箱	台	4	48311	193244	4	38803	155212	0	-38032	-38032
	三分支带三开关电缆分接箱	台	7	106111	742777	7	91778	642446	0	-100331	-100331
	10kV 交联电缆3×300	m	3451	477	1646127	3371	449	1513579	-38160	-94388	-132548
	10kV 高压电缆3×120	m	351	286	100386	521	273	142233	48620	-6773	41847
2	地区2										
2.1	××10kV 线支线改造工程										
	钢芯铝绞线LGJX-240/30	t	9.9	15000	148500	8.876	16000	142016	-15360	8876	-6484
	钢芯铝绞线LGJX-95/20	t	1.35	15700	21195	2.46	12000	29520	17427	-9102	8325
	砼杆φ190×15	根	46	2360	108560	2222	1100	2444200	5135360	-2799720	2335640
2.2	××10kV 线新建工程										
	10kV 高压电3×240	m	3661	326	1193486	3691	318	1173738	9780	-29528	-19748
	三芯冷缩中间缆头	个	6	4379	26274	6	3846	23076	0	-3198	-3198

序号	设备/材料名称及型号	单位	批准概算			合同金额			差额		
			数量	概算单价	合计	数量	合同单价	合计	量差	价差	合计
3	地区3										
3.1	××10kV线支线工程										
	双回转角塔 DNJ4-10	基	5	8111	40555	5	6706	33530	0	−7025	−7025
	混凝土杆 ϕ190×15	根	71	4892	347332	71	3333	236643	0	−110689	−110689
3.2	××10kV线新建工程										
	稀土钢芯铝绞线 240/30	t	7.6	30404	231070	8.3	22376	185721	21283	−66632.4	−45350
	水泥电杆 ϕ190×15	根	6	4892	29352	4	4411	17644	−9784	−1924	−11708

（2）设计、施工和监理招投标评价。

在完成××供电局 2013 年新建配电网工程设计审查后，工程建设部书面向××供电局招标领导小组提出设计、施工和监理单位招标申请，并在荐标工作小组组长的监督下，从专家库中随机抽取 5 个专家组成荐标工作小组，荐标小组从在××电网公司确认的目录范围或者××供电局根据××电网公司要求确认的目录范围内选择投标人，荐标小组推荐三个以上投标人名单，并由评标小组组长和工程建设部向邀请投标人发出投标邀请函及招标文件，评标小组成员由评标小组组长从专家库中随机抽取 5 人，并且和工程建设部派出的 2 名人员共同组成评标委员会，评标委员会按照综合评分方法确定拟中标单位，并报招标领导小组审批。整个招标程序符合××供电局内部招标流程等相关规定，具体见图 5-1。

××供电局 2013 年配电网工程勘察设计、施工、监理招标组织工作均由××供电局委托的招标代理机构××咨询有限公司承担，××咨询有限公司具有招标代理甲级资质，按照××供电局 13 年配电网投资项目实际投资额来看，资质符合相关要求。

工程勘察设计、监理单位招标均采用邀请招标方式，各标段邀请投标单位均为 3 家，达到《工程建设项目施工招标投标办法》中投标人数规定，各设计中标单位均具有送变电工程专业设计丙级及以上资质，监理中标单位具有电力工程甲级资质，资质均符合相关要求。

工程施工单位招标采用邀请和公开招标两种方式进行，除 10kV××线工程等 11 个单项或打捆工程按照《关于××市 10kV××线等 11 项新建配电网工程项目的核准意见》要求采用公开招标方式外，其余工程均采用邀请招标方式，各批次各标段工程投标单位均为 3 家以上，且均为《关于公布承建××电网公司××供电局配电网工程诚信施工企业名单的通知》中公布的施工企业，各中标单位资质均具有承装修五级及以上或建筑三级及以上，资质符合要求，公开招标的单项或打捆工程施工合同金额均为 100 万元以上，其余均为 100 万元以下，招标方式符合《××供电局招标投标管理规定》中的"工程建设、改造项目施工单项合同估算投资 50 万元（含 50 万元）人民币以上的必须进行招标"和"按照国家有关法规（如建筑项目在 100 万元及以上）和上级规定必须进行公开招标投标的其他项目必须进入交易市场进行公开招标"相关要求，见图 5-1。

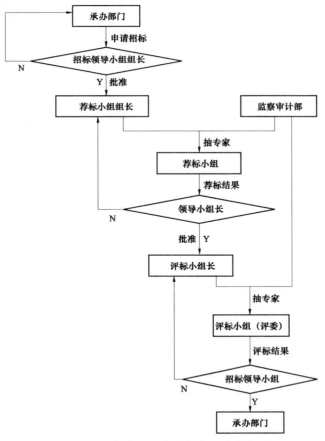

图 5-1　××供电局内部招标程序流程图

设计、施工和监理招投标情况具体见表5-13。从该表可以看出，××供电局与设计、施工和监理中标单位签订的合同金额均按中标金额签订，不存在合同金额与中标金额不一致的情况。

××供电局2013年新建配电网工程施工单位为30多家，从一定程度上保证了施工环节的竞争，但监理单位才1家，从人力等方面都难以保证各个工程的现场监理能及时到位，不利于工程各项目标的控制，建议采取公开招标方式，择优选择多家监理单位，从而保证监理单位能更好地履行"四控两管一协调"职责。

表5-13　　　　××供电局2013年配电网工程勘察设计、施工、
监理招投标情况统计表　　　　金额单位：万元

序号	招标批号	招标时间	招标方式	招标范围	全部投标单位名称	中标金额	合同金额	中标单位名称	中标单位资质等级
一	设计单位								
1	13配电网第一、二批、增补	2013.1	邀请招标	××供电局2013年配电网工程勘察设计第一标段	××电力设计院有限公司、××电力设计有限公司、××电力设计有限公司	365.42	365.42	××电力设计院有限公司	送变电工程专业设计乙级
2	13配电网第一、二批	2013.1	邀请招标	××供电局2013年配电网工程勘察设计第二标段	××电力设计有限公司、××电力设计室、××电力设计有限公司	343.41	343.41	××电力设计有限公司	送变电工程专业设计丙级
3	13配电网第一、二批、增补	2013.1	邀请招标	××供电局2013年配电网工程勘察设计第三标段	××电力设计有限公司、××电力设计室、××电力设计有限公司	364.51	364.51	××电力设计有限公司	送变电工程专业设计乙级
4	13配电网第一、二批	2013.1	邀请招标	××供电局2013年配电网工程勘察设计第四标段	××电力设计室、××电力设计有限公司、××电力设计有限公司	364.51	364.51	××电力设计室	送变电工程专业设计丙级
5	13配电网第一、二批、增补	2013.1	邀请招标	××供电局2013年配电网工程勘察设计第五标段	××电力设计有限公司、××电力设计室、××电力设计有限公司	243.61	243.61	××电力设计有限公司	送变电工程专业设计丙级
6	13配电网第一、二批、增补	2013.1	邀请招标	××供电局2013年配电网工程勘察设计第六标段	××电力设计有限公司、××电力设计室、××电力设计有限公司	345.12	345.12	××电力设计有限公司	送变电工程专业设计丙级

序号	招标批号	招标时间	招标方式	招标范围	全部投标单位名称	中标金额	合同金额	中标单位名称	中标单位资质等级
二					施工单位（公开招标）				
1	第一批	2013.5	公开招标	10kV××线工程	××电业集团有限公司、××电力有限公司、××电力工程输变电有限公司、××电力建设有限公司、××电力安装工程有限公司、××电力工程有限公司	599.92	599.92	××电力有限公司	承装、承修三级
2	第一批	2013.5	公开招标	10kV××支线改造工程	××电业集团有限公司、××电力有限公司、××电力工程输变电有限公司、××电力建设有限公司、××电力安装工程有限公司、××电力工程有限公司	179.75	179.75	××电力有限公司	承装、承修三级
3	第一批	2013.5	公开招标	10kV××线工程	××电业集团有限公司、××电力有限公司、××电力工程输变电有限公司、××电力建设有限公司、××电力安装工程有限公司、××电力工程有限公司	680.32	680.32	××电力工程输变电有限公司	送变电专业承包贰级、承装二级、承修一级
4	第二批	2013.5	公开招标	10kV××线工程	××电业集团有限公司、××电力工程输变电有限公司、××电力建设有限公司、××电力安装工程有限公司、××电力工程有限公司	1495.34	1495.34	××电力有限公司	承装、承修三级

序号	招标批号	招标时间	招标方式	招标范围	全部投标单位名称	中标金额	合同金额	中标单位名称	中标单位资质等级
5	第二批	2013.5	公开招标	10kV××线工程	××电业集团有限公司、××电力有限公司、××电力工程输变电有限公司、××电力建设有限公司、××电力安装工程有限公司、××电力工程有限公司	1351.33	1351.33	××电力有限公司	承装、承修三级
三					监理单位				
1	13配电网第一、二批、增补	2013.1	邀请招标	××供电局2013年配电网工程施工监理	××电力工程监理有限公司、××工程咨询有限公司、××电力工程监理有限责任公司	1128.87	1128.87	××电力工程监理有限公司	电力工程甲级

4. 资金筹措评价

××供电局2013年10kV及以下配电网项目资金来源于××电网公司自有资金拨入和统贷借款拨入，截至2013年底，累计到位资金50250.00万元，均为2013年拨入，其中自有资金22517.01万元，银行借款27732.99万元，资本金和贷款比例符合《国务院关于固定资产投资项目试行资本金制度的通知》的规定，所需资金均由××电网公司统贷统还统一拨付使用。对照××供电局配电网实际到位资金与实际完成投资金额比较可知，实际投资较实际到位资金节余1.68万元，节余部分资金将统一上缴××电网公司，见表5-14。

表5-14　　　　××供电局2013年配电网工程投资完成情况表　　　金额单位：万元

序号	地区	截至2013年12月				实际完成投资	节余资金
		银行贷款	自有资金	到位资金合计	资金到位率		
1	地区1	3708.45	5336.55	9045.00	100%	9044.32	0.68
2	地区2	3340.62	5201.88	8542.50	100%	8542.46	0.04
3	地区3	4955.65	4089.35	9045.00	100%	9044.55	0.45

序号	地区	截至 2013 年 12 月				实际完成投资	节余资金
		银行贷款	自有资金	到位资金合计	资金到位率		
4	地区 4	4258.18	4786.82	9045.00	100%	9044.70	0.30
5	地区 5	2585.86	3444.14	6030.00	100%	6029.90	0.10
6	地区 6	3668.25	4874.25	8542.50	100%	8542.39	0.11
合计		22517.01	27732.99	50250.00	100%	50248.32	1.68

5. 开工准备评价

在工程开工前，施工单位编制施工组织设计（方案），主要包括工程概况、计划施工工期、工程技术交底、施工组织、施工准备、施工要求、质量保证措施、安全措施、确保文明施工的组织措施等内容。

施工单位将施工组织设计（方案）报送监理公司和××供电局进行审查。××供电局对××供电局 2013 年新建配电网工程各施工单位提交的施工组织设计（方案）进行了严格审查，审查的资料主要包括以下几个方面：

（1）施工组织设计：主要施工技术措施是否满足工程要求，是否符合现场实际情况；组织机构是否健全；劳动力配置是否与总进度计划衔接，总进度计划是否满足合同工期的要求；质量保证体系是否完善，保证工程质量的措施是否具针对性，可操作性。

（2）特殊作业人员、施工承包单位的资质审查：特殊工种人员上岗证件是否与现场人员相符，上岗证件是否有效，是否在有效期内；承包单位审核时重点审查了单位营业执照、资质业务范围是否与所分包工程相符、是否有类似工程施工经验、营业执照及资质证明是否在年检有效期内。

（3）工程中标通知书。

（4）原材料的检验报告。

（5）安全施工管理协议。

（6）开工报告的审核。

施工单位收到施工组织设计（方案）的批复后，填写《工程开工报审表》，经监理单位审核同意后向××供电局报开工。

××供电局 2013 年新建配电网工程开工准备工作落实情况见表 5-15。

表 5–15   开工准备工作落实情况一览表

序号	评 价 依 据	落实情况
1	项目法人已设立，项目组织管理机构和规章制度健全	具备
2	项目初步设计及总概算已经批复	具备
3	项目资本金和其他建设资金已经落实，资金来源符合国家有关规定，承诺手续完备	具备
4	项目施工组织设计大纲已经编制完成并经审定	具备
5	主体工程的施工队伍已经通过招标选定，施工合同已经签订	具备
6	项目法人与项目设计单位已确定施工图交付计划并签订交付协议，图纸已经过会审	具备
7	项目施工监理单位已通过招标确定，监理合同已经签订	具备
8	项目征地、拆迁和施工场地"四通一平"工作已经完成	具备
9	主要设备和材料已经招标选定，运输条件已落实	具备

从表 5–15 中可以看出，××供电局 2013 年新建配电网工程开工之前项目法人已经依法设立、初步设计及总概算已经批复、项目建设资金已落实、项目施工组织大纲已经编制完成并审定、施工已经招标选定、进行了图纸会审和设计交底已完成、监理已经招标选定、"四通一平"工作已经完成、主要设备和材料应已招标选定，开工准备工作落实良好。

6. 项目实施准备评价结论

项目实施准备评价主要侧重于对项目初步设计、施工图设计、开工准备、采购招标和资金筹措进行定性定量评价。

设计单位均能够按照国家和××电网公司有关规范，执行有关设计规程，推行配电网标准化设计，而××供电局工程建设部统一在设计环节把关，结合××供电局配电网运行特点，选择技术上成熟，经济上合理的设计方案，并根据标准设计中的设备材料制定出配电网工程物资统一标准，同时选用通用的设备材料。部分地区项目发生设计变更较多，而造成设计变更的主要原因是设计改进和青赔等原因，因此建议设计单位增加现场勘测环节，而建设单位应配合设计单位积极做好前期准备工作，为项目开工准备充分的条件，从而提高项目的可实施性。

开工手续和开工资料如工程开工报审表、施工组织设计等较为齐全，基本具备开工条件，不存在合同于工程实际开工后签订。

工程设计和监理采取邀请招标方式，绝大部分工程采取了邀请招标方式，部分工程按照××市发改委规定采取了公开招标方式，符合《工程建设项目招标范围和规模标准规定》中对招标规模的规定，而招标制的执行在确保工程进度和工程质量的前提下对控制与降低工程造价起到了积极作用，绝大部分设备材料单价较概算单价有所降低，整个招投标过程符合《中华人民共和国招标投标法》和《××供电局招标投标管理规定》的相关规定，但 6 个地区 330 项工程只有一家监理单位，建议采取公开招标择优选择几家监理单位，增加竞争机制，以保证监理单位更好地履行四控两管一协调的职责。总体来说，××供电局 13 配电网工程招标组织形式合规，招投标程序符合《××供电局招标投标管理规定》的规定，设备材料单价较预算单价大部分下降。

　　××供电局 2013 年新建配电网工程资本金和贷款比例符合《国务院关于固定资产投资项目试行资本金制度的通知》的规定，截止到 2013 年 12 月，资金到位率为 100%，保证了××供电局 13 新建配电网工程的顺利实施。

三、项目建设实施评价

　　1. 合同执行与管理评价

　　（1）合同签订规范性评价。

　　××供电局各区县局根据中标通知书与设计、施工和监理中标单位分别签订了设计、施工和监理合同，××供电局 2013 年配电网工程共签订合同 416 份，合同总金额为 26878.12 万元，其中设计合同 6 份，设计合同金额为 2026.58 万元，施工合同 404 份，施工合同金额为 23722.67 万元，监理合同 6 份，监理合同金额为 1128.87 万元，见表 5–16。

表 5–16　　　　　　　　合同签订情况一览表　　　　　　金额单位：万元

序号	区县局	设计合同		监理合同		施工合同	
		合同份数	合同金额	合同份数	合同金额	合同份数	合同金额
1	地区 1	1	365.42	1	202.61	69	4096.57
2	地区 2	1	343.41	1	191.35	105	3585.63
3	地区 3	1	364.51	1	203.51	86	3948.68
4	地区 4	1	364.51	1	203.51	8	5184.00
5	地区 5	1	243.61	1	135.68	58	2838.16
6	地区 6	1	345.12	1	192.21	78	4069.64
	合计	6	2026.58	6	1128.87	404	23722.67

从各区县局合同签订情况来看，均能够按照《中华人民共和国合同法》等有关法律法规制度签订合同，合同格式统一，合同编号和签订日期齐全。××供电局各合同签订使用了合同会签审批表，合同的承办部门在与乙方签订合同前，报请合同管理部门、财务部、监审部和局领导签字，取得合同会签审批表后方可与参建单位签署合同,这种合同管理模式加强了各部门之间的监督职能，对于保障合同签署过程中的公正性、客观性起到了积极作用。

（2）合同签订及时性评价。

××供电局各区县局及时与各中标单位签订合同，不存在先签合同后招标的情况，具体见表5-17。

表5-17　　　　　　　　　　招标时间与合同签订时间对比表

序号	区县局	批次	招标时间			合同签订时间		
			设计招标	施工招标	监理招标	设计合同	施工合同	监理合同
1	地区1	第一批（邀请招标）		2013.2			2013.4	
		第一批（公开招标）		2013.5		2013.2.6	2013.6.24	2013.2.6
		第二批		2013.3			2013.5	
		增补		2013.10			2013.10	
2	地区2	第一批		2013.2		2013.1.19	2013.3	2013.1.20
		第二批		2013.3			2013.4	
3	地区3	第一批		2013.2			2013.4	
		第二批		2013.3		2013.2.9	2013.5	2013.2.9
		增补		2013.10			2013.10	
4	地区4	第一批（邀请招标）	2013.1	2013.2	2013.1		2013.4	
		第一批（公开招标）		2013.5		2013.2.11	2013.6.5	2013.2.5
		第二批（邀请招标）		2013.3			2013.5	
		第二批（公开招标）		2013.5			2013.6.17	
5	地区5	第一批		2013.2			2013.3	
		第二批		2013.3		2013.2.11	2013.4	2013.1.18
		增补		2013.10			2013.10	
6	地区6	第一批		2013.2			2013.3	
		第二批		2013.3		2013.1.18	2013.4	2013.1.18
		增补		2013.10			2013.10	

（3）合同文本制订的规范性评价。

规范性：合同签订采用会签审批表，流程规范；通过抽查各区县局合同签订时间和工程开工报审表来看，不存在合同签订晚于实际开工时间。

公平性：合同中严格规范了合同双方的权利和义务，明确了双方所承担的风险，保证了合同的可操作性，利于双方履约。

完备性：各合同主要条款按照 FIDIC 合同条款制定，分协议书、通用条款和专用条款，包括双方一般权利与义务、施工组织设计和工期、质量与检验、安全施工、合同价款与支付、工程材料设备、工程变更、竣工验收与结算和违约、索赔和争议以及其他等内容。

（4）合同资金支付情况评价。

本次后评价对××供电局下属各区县局 2013 年配电网工程设计、监理及施工合同资金支付情况采取抽查方式，对合同资金支付管理方面进行重点分析评价。

1）设计合同资金支付情况。按照设计合同条款对于设计资料提交时间和合同资金支付的规定"提交初步勘察设计审查时间：2013 年 2 月 20 日前完成；提交施工图设计图纸时间：2013 年 3 月 10 日前完成；提交施工图预算时间：2013 年 3 月 10 日前完成；提交竣工图时间：2013 年 12 月 30 日前完成""每批次项目正式实施后，一个月内招标方向投标方支付该批次设计费总额的 15%，作为定金；初步设计完成后，一个月内支付该批次设计费总额 30%；施工图完成后，一个月内支付该批次设计费总额的 30%（跨年度项目按工程进度付款）；完成编制施工图预算后，一个月内支付该批次设计费总额的 10%（跨年度项目按工程进度付款）；工程验收通过后，一个月内支付该批次设计费总额的 5%；完成编制竣工图移交后，一个月内支付该批次设计费总额的 5%；质保金（工程保修期满一年内），经招标方、监理单位查核无设计方面的问题后，付清剩余该批次设计费总额的 5%"，从各区县局设计合同资金实际支付情况来看，截至 2014 年 6 月，虽各区县局设计合同款均已支付完毕，但未严格按合同资金支付条款规定执行，区县局质保金提前支付较多，质保金未起到真正的约束作用，应加强合同资金支付管理，见表 5-18。

表 5-18 　　　　　　　××供电局设计合同资金支付情况统计表

序号	合同名称	合同编号	承包方	合同金额（万元）	签订日期	应付款时间	实付款时间	应付款金额（万元）	实付款金额（万元）	应支付进度款比例（%）	实付款进度比例（%）
一、地区 1											
1	××市区2013年新建配电网工程勘察设计合同	07HE08085	××市电力设计院有限公司	365.42	2013.2.6	2013.3.6 前	2013.2.20	54.81	180.90	15	49.5
						2013.3.20 前	2013.3.20	109.63	100.50	30	27.5
						2013.4.10 前	2013.8.20	146.17	84.02	40	23
						2014.1.30 前	/	36.54	/	10	/
						2015.12.31	/	18.27	/	5	/
二、地区 2											
1	××市（××区）2013年新建配电网工程勘察设计合同	07XHHE090003	××市大光明电力设计有限公司	343.41	2013.1.19	2013.2.19 前	2013.3.26	51.51	130.65	15	38
						2013.3.20 前	2013.5.27	103.02	100.50	30	29
						2013.4.10 前	2013.8.10	137.36	50.25	40	15
						2014.1.30 前	2013.10.22	34.34	20.10	10	6
						2015.12.31	2013.12.27	17.18	24.74	5	7
三、地区 3											
1	××市2013年新建配电网工程勘察设计合同	07KPHE0900001	××电力设计有限公司	364.51	2013.2.9	2013.2.9 前	2013.2	54.68	164.03	15	45
						2013.3.20 前	2013.3	109.35	164.03	30	45
						2013.4.10 前	2013.11	145.81	36.45	40	10
						2014.1.30 前	/	36.45	/	10	/
						2015.12.31	/	18.22	/	5	/
四、地区 4											
1	××市2013年新建配电网工程勘察设计合同	07TSHE09001	××电力设计室	364.51	2013.2.11	2013.3.11 前	2013.4.17	54.68	88.44	15	24.26
						2013.3.20 前	2013.5.25	109.35	221.10	30	60.66
						2013.4.10 前	2013.7.29	145.81	54.97	40	15.08
						2014.1.30 前	/	36.45	/	10	/
						2015.12.31	/	18.22	/	5	/

序号	合同名称	合同编号	承包方	合同金额（万元）	签订日期	应付款时间	实付款时间	应付款金额（万元）	实付款金额（万元）	应支付进度款比例（%）	实付款进度比例（%）
五、地区5											
1	××市2013年新建配电网工程勘察设计合同	07EPHE09003	××电力设计院	243.61	2013.1.19	2013.2.19前	2013.2	36.54	59.80	15	24.55
						2013.3.20前	2013.3	73.08	122.61	30	50.33
						2013.4.10前	2013	97.44	61.20	40	25.12
						2014.1.30前	/	24.36	/	10	/
						2015.12.31	/	12.18	/	5	/
六、地区6											
1	××市2013年新建配电网工程勘察设计合同	07HSHE090004	××电力设计有限公司	345.12	2013.1.18	2013.2.18前	2013.4	36.54	100.50	15	29.12
						2013.3.20前	2013.5	73.08	17.59	30	5.1
						2013.4.10前	2013.6	97.44	77.39	40	22.42
						2014.1.30前	2013.8	24.36	51.26	10	14.85
						2015.12.31	2013.10	12.18	63.21	5	18.32
						/	2013.11	/	35.18	/	10.19

2）施工合同资金支付情况。按照施工合同对施工费支付条款规定"发包人按合同总价的20%付备料款，预付时间不迟于约定的开工日期前7天；工程量完成至合同价的80%时，按合同总价的40%支付进度款，待工程交工验收、结算并通过发包人确认后支付至结算价的95%，另5%作为预留工程保修金，保修期期满，认为无质量遗留问题结清余款"，从施工费实际支付情况来看，未严格按合同资金支付条款规定执行，部分为受施工单位进度款报审时间滞后影响，而对于质保金，除××和××局预留质保金外，其余均为提前支付。技经人员应认真阅读合同支付条款和已批复施工图纸，密切联系监理，及时取得与计量计价有关文件等，理顺合同资金支付流程，及时上报审批工程款支付申请，按合同条款规定的时间内支付，见表5–19。

表 5-19　　　　××供电局典型工程施工合同资金支付情况统计表

序号	合同名称	合同编号	承包方	合同金额（万元）	签订日期	应付款时间	实付款时间	应付款金额（万元）	实付款金额（万元）	应支付进度款比例(%)	实付款进度比例(%)
一、地区 1											
1	10KV××线、××线工程施工合同	07HS××	××市电力工程输变电有限公司	882.44	2013.6.24	开工日前7天	2013.7.20	176.49	264.73	20	30
						完成合同价的80%	2013.8.20	352.98	264.73	40	30
						结算完成	2013.9.20	308.85	352.98	35	40
						保修期满	/	44.12	/	5	/
	合　　计							882.44	882.44	100	100
2	10kV××I线、××II线、××I线、××II线工程（建筑部分）施工合同	07HS××	××市电力工程输变电有限公司	107.96	2013.4.3	开工日前7天	2013.4.20	21.59	31.1518	20	29
						完成合同价的80%	2013.5.20	43.18	21.484	40	20
						结算完成	2013.6.20	37.78	21.484	35	20
						保修期满	2013.7.20	5.40	33.3002	5	31
	合　　计							107.96	107.96	100	100
二、地区 2											
1	10kV××线新建工程施工合同	07XHHS××	××电气工程有限公司	87.83	2013.4.20	开工日前7天	2013.5.20	17.65	17.65	20	20
						完成合同价的80%	2013.10.12	35.31	22.95	40	26
						结算完成	2013.12.18	30.89	43.25	35	49
						保修期满	/	4.41	/	/	/
	合　　计							88.27	87.88	95	95
2	10kV××大生支线改造工程施工合同	07XHHS××	××电气工程有限公司	101.79	2013.3.30	开工日前7天	2013.5.20	20.36	30.384	20	30
						完成合同价的80%	2013.8.11	40.71	30.384	40	30
						结算完成	2013.10.15	35.63	35.448	35	35
						保修期满	/	5.09	/	/	/
	合　　计							101.79	96.70	95	95

序号	合同名称	合同编号	承包方	合同金额（万元）	签订日期	应付款时间	实付款时间	应付款金额（万元）	实付款金额（万元）	应支付进度款比例（%）	实付款进度比例（%）
三、地区3											
1	10kV××线Ⅱ期工程施工合同	07KPHS××	××电力工程有限公司	106.43	2013.5.8	开工日前7天	2013.5	21.29	31.93	20	30
						完成合同价的80%	2013.6	42.57	31.93	40	30
						结算完成	2013.8	37.25	10.64	35	10
						保修期满	2013.10	5.32	10.64	5	10
						/	2013.12	/	10.64	/	10
						/	2014.1	/	10.64	/	10
合　计								106.43	106.43	100	100
2	10kV××线Ⅱ期工程施工合同	07KPHS××	××电力工程有限公司	83.84	2013.4.8	开工日前7天	2013.4	16.684	25.15	20	30
						完成合同价的80%	2013.6	33.368	33.53	40	40
						结算完成	2013.8	29.197	8.38	35	10
						保修期满	2014.1	4.171	16.77	5	20
合　计								83.84	83.84	100	100
四、地区4											
1	10kV××线、××线、××线工程施工合同	07TSHS09101	××电力有限公司	2610.99	2013.6.17	开工日前7天	2013.4	522.20	261.10	20	10
						完成合同价的80%	2013.5	1044.40	1566.59	40	60
						结算完成	2013.7	913.85	783.30	35	30
						保修期满	/	130.55	/	5	/
合　计								2610.99	2610.99	100	100
五、地区5											
1	××新建工程施工合同	07EPHS09198	××电力安装工程有限公司	41.66	2013.10.25	开工日前7天	2014.1	8.33	40.41	97	97
						完成合同价的80%		16.66	/	/	/
						结算完成		14.58	/	/	/
						保修期满		2.08	/	/	/
合　计								41.66	40.41	97	97

序号	合同名称	合同编号	承包方	合同金额(万元)	签订日期	应付款时间	实付款时间	应付款金额(万元)	实付款金额(万元)	应支付进度款比例(%)	实付款进度比例(%)
2	10kV××线52~93号杆线路改造工程施工合同	07EPHS09196	××电力安装工程有限公司	84.14	2013.10.25	开工日前7天	2014.1	16.91	79.933	95	95
						完成合同价的80%	/	33.82	/	/
						结算完成	/	29.60	/	/
						保修期满	/	4.23	/	/
合　计								84.56	80.33	100	95
六、地区6											
1	10kV××线××支线改造工程、××线支线改造工程和××管区圩镇片低压区改造工程施工合同	07HSHS090063、07HSHS090028、07HSHS090045	××电力公司	283.61	2013.3.27	开工日前7天	2013.5	56.72	82.25	20	29
						完成合同价的80%	2013.7	113.44	34.03	40	12
						结算完成	2013.8	99.26	34.03	35	12
						保修期满	2014.1	14.18	133.30	5	47
合　计								283.61	282.61	100	100

3）监理合同资金支付情况。按照监理合同对监理费支付条款规定"合同签订后十五天内支付该批次监理费总额的40%，工程完成后支付该批次监理费总额的50%，竣工资料移交后付清余款"，从监理费实际支付情况来看，监理费均支付完毕，但各区县局未严格按照合同条款规定支付，见表5-20。

表5-20　　　　　　　　××供电局监理合同资金支付情况统计表

序号	合同名称	合同编号	承包方	合同金额(万元)	签订日期	应付款时间	实付款时间	应付款金额(万元)	实付款金额(万元)	应支付进度款比例(%)	实付款进度比例(%)
一、地区1											
1	××市区2013年新建配电网工程委托监理合同	07HJ××	××电力工程监理有限公司	314.26	2013.2.6	2013.2.21前	2013.3.20	125.71	124.70	40	39.68
						2013.12.31	2013.8.20	157.13	93.53	50	29.76
						竣工资料移交后	2013.10.20	31.43	96.04	10	30.56

序号	合同名称	合同编号	承包方	合同金额（万元）	签订日期	应付款时间	实付款时间	应付款金额（万元）	实付款金额（万元）	应支付进度款比例（%）	实付款进度比例（%）
合 计								314.26	314.26	100	100
二、地区2											
1	××市（××区）2013年新建配电网工程委托监理合同	07XHH××	××电力工程监理有限公司	303.01	2013.1.20	2013.2.4前	2013.4.15	121.20	78.78	40	26
						2014.12.31	2013.8.10	151.50	96.96	50	32
						竣工资料移交后	2013.10.22	30.30	75.76	10	25
						/	2013.12.17	/	51.52	/	17
合 计								303.01	303.01	100	100
三、地区3											
1	××市2013年新建配电网工程委托监理合同	07KPH××	××电力工程监理有限公司	315.17	2013.2.9	2013.2.24前	2013.2	126.07	126.07	40	40
						2014.12.31	2013.8	157.58	94.55	50	30
						竣工资料移交后	2013.11	31.52	47.28	10	15
						/	2014.1	/	47.28	/	15
合 计								315.17	315.17	100	100
四、地区4											
1	××市2013年新建配电网工程委托监理合同	07TSHJ××	××电力工程监理有限公司	315.17	2013.2.5	2013.2.20前	2013.2.25	126.07	126.07	40	40
						2014.12.31	2013.10.23	157.58	189.10	50	60
						竣工资料移交后	/	31.52	/	10	/
合 计								315.17	315.17	100	100
五、地区5											
1	××市2013年新建配电网工程委托监理合同	07EPHJ××	××电力工程监理有限公司	247.23	2013.1.18	2013.2.2前	2013.3	98.89	98.89	40	40
						2014.12.31	2013.8	123.62	109.87	50	44.44
						竣工资料移交后	/	24.72	38.47	10	15.56
合 计								247.23	247.23	100	100

序号	合同名称	合同编号	承包方	合同金额（万元）	签订日期	应付款时间	实付款时间	应付款金额（万元）	实付款金额（万元）	应支付进度款比例（%）	实付款进度比例（%）
六、地区6											
1	××市2013年新建配电网工程委托监理合同	07HSHJ××	××电力工程监理有限公司	303.91	2013.1.18	2013.2.18前	2013.5	121.56	28.60	40	9.41
						2014.12.31	2013.6	151.96	79.45	50	26.14
						竣工资料移交后	2013.8	30.39	63.58	10	20.92
						/	2013.10	/	132.29	/	43.53
合　　计								303.91	303.91	100	100

（5）合同管理评价。

××供电局基本按照公平性和完备性原则制订，合同履行总体上甲乙双方能够按照合同规定的权利和义务实施，未发生合同纠纷，但资金支付无论从支付金额和时间上未能严格按照合同付款条款规定实施，如工程竣工结算尾款与质保金一并支付，监理预付款与合同规定不一致等。建议建设单位理顺合同资金支付流程，改进合同资金支付模式，加强对合同的审核。

2. 工程建设与进度评价

本次后评价项目评价范围为××供电局2013年配电网工程。实施进度主要是前期决策、开工准备、建设实施和竣工验收等阶段，项目从前期决策到竣工验收阶段各阶段主要事件见表5-21。

××供电局和各区县局作为××供电局2013年配电网工程的建设和实施单位，在施工过程中严格监管工程进度，定期检查施工现场，以动态控制原则对计划进度与实际工程进度作比较，对于进度缓慢的工程，及时联系施工单位，了解影响进度问题，帮助基层协调解决，以确保工程任务的完成。各区县局实际进度与计划进度比较具体见表5-22。

影响配电网施工进度的主要因素为部分施工材料、设备不能及时到货和天气变化，例如台风、连续降雨等自然因素造成施工工期拖延，针对此影响，在编制施工进度横道图和倒排工期过程中充分考虑气候变化的影响，使施工进度控制更加详实、准确。物资方面，加强与物流中心的沟通和协调，加大催货力度，确定到货时间，再结合施工工期，合理安排施工计划，把因物资到货造成拖延工期的可能性降到最低。通过各区县局以及监理、施工单位的共同努力保证了 2013 年配电网所有工程的顺利实施和按期完工。

表 5-21　　　　　　　　项 目 实 施 进 度 表

阶段	序号	事件名称		时间	依据文件
前期决策	1	××公司下达 2013 年电网投资计划		/	《关于下达公司 2013 年电力基本建设投资计划的通知》（××电网计〔2013〕10 号）
	2	××公司下达 2013 年电网投资调整计划		/	《关于下达公司 2013 年电力基本建设投资调整计划的通知》（××电网计〔2013〕116 号）
	3	××电网公司下达 2013 年配电网投资预安排计划		2012.12.31	《关于下达 2013 年××电网公司基建配电网工程预安排投资计划的通知》（××电规部〔2012〕78 号）
	4	××电网公司下达 2013 年电网投资计划		2013.2.24	《关于下达 2013 年××省电网建设投资计划的通知》（××电规〔2013〕103 号）
	5	××电网公司下达 2013 年电网投资调整计划		2013.11.7	《关于下达 2013 年××省电网建设投资调整计划的通知》（××电计〔2013〕435 号）
	6	××供电局 2013 年配电网第一批立项项目批复		2013.2.11	《关于××市 2013 年新建配电网工程（第一批）立项项目的批复》（江供电规〔2013〕17 号）
	7	××供电局 2013 年配电网第二批立项项目批复		2013.4.14	《关于××市 2013 年新建配电网工程（第二批）立项项目的批复》（江供电规〔2013〕45 号）
开工准备	1	设计招标		2013.1	招标文件
	2	施工招标	第一批	2013.2	招标文件
			第二批	2013.3	招标文件
			增补	2013.10	招标文件
	3	监理招标		2013.1	招标文件
建设实施	1	第一批		2013.4	开工报告
	2	第二批		2013.5	开工报告
	3	增补		2013.10	开工报告
竣工验收	1	第一阶段验收		2014.3.1～2014.3.15	××供电程〔2014〕34 号
	2	第二阶段整改		2014.3.5～2014.3.19	××供电程〔2014〕34 号
	3	第三阶段验收		2014.3.15～2014.3.25	××供电程〔2014〕34 号

表 5–22 各区县局实际进度与计划进度比较一览表

序号	区县局	批次	计划开工时间	计划完工时间	实际开工时间	实际完工时间
1	地区 1	第一批	2013.3.30	2013.9.25	2013.4.30	2013.9.25
		第二批	2013.4.25	2013.10.31	2013.5.25	2013.10.31
		增补	2013.10.20	2013.12.20	2013.10.20	2013.11.20
2	地区 2	第一批	2013.5.1	2013.12.30	2013.4.1	2013.10.30
		第二批	2013.9.1	2013.12.30	2013.8.1	2013.12.16
3	地区 3	第一批	2013.4.15	2013.11.30	2013.4.25	2013.11.10
		第二批	2013.5.15	2013.12.30	2013.5.23	2013.12.25
		增补	2013.10.20	2013.12.30	2013.10.16	2013.12.20
4	地区 4	第一批	2013.4.3	2013.11	2013.4.30	2013.11
		第二批	2013.7.2	2013.12.20	2013.7.17	2013.12.20
5	地区 5	第一批	2013.4.1	2013.9.30	2013.4.26	2013.9.26
		第二批	2013.4.20	2013.9.30	2013.5.25	2013.10.30
		增补	2013.10.20	2013.12.20	2013.10.16	2013.12.20
6	地区 6	第一批	2013.4.10	2013.12.30	2013.4.3	2013.12.13
		第二批	2013.4.20	2013.10.30	2013.7.15	2013.10.30
		增补	2013.10.22	2013.12.30	2013.10.26	2013.12.27

表 5–23 项目按期完成率基础数据表

指标名称	地区一	地区二	地区三	地区四	地区五	地区六	合计
项目按期完成率（%）	100	100	100	100	100	100	100

3. 设计变更评价

××供电局 2013 年配电网工程共有 69 个项目发生设计变更，部分区县局一个项目发生多次设计变更，各区县局设计变更情况具体见表 5–24 和表 5–25。从表 5–24 可以看出，地区一和地区五设计变更项目数较多，分别为 48 项和 29 项，变更金额分别为 433.45 万元和 371.61 万元，且从各份设计变更单来看，参建单位签章齐全。从所收集的典型工程资料来看，部分工程未履行必要的设计变更手续，建议对这些工程补充完善设计变更手续，以进一步提高设计变更管理的规范性水平。

归结各区县局的设计变更原因，导致项目设计变更的主要原因有如下几方面：

1）设计考虑不周。

2）生产施工要求。

3）民事纠纷、青赔问题。

4）城镇规划调整。

5）设计改进。

从所统计的各县区局的设计变更原因情况可以看出，由于设计改进和民事纠纷原因而发生的设计变更占主导，原因分布统计见表5-24～表5-25和图5-2。

表5-24　　　　　　　　设 计 变 更 统 计 表　　　　　　单位：个，万元

序号	区县局	评价指标	项目数	变更总金额（绝对值累加）	10万元及以下	10万～30万元	30万～50万元	50万元以上
1	地区1	发生1次设计变更	2	6.03	2	0	0	0
		发生2次及以上设计变更	2	30.15	1	1	0	0
2	地区2	发生1次设计变更	32	285.73	23	9	0	0
		发生2次及以上设计变更	4	28.06	2	2	0	0
3	地区3	发生1次设计变更	10	73.72	10	0	0	0
		发生2次及以上设计变更	0	0.00	0	0	0	0
4	地区4	发生1次设计变更	0	0.00	0	0	0	0
		发生2次及以上设计变更	0	0.00	0	0	0	0
5	地区5	发生1次设计变更	0	0.00	0	0	0	0
		发生2次及以上设计变更	2	5.93	2	0	0	0
6	地区6	发生1次设计变更	12	172.59	6	3	3	0
		发生2次及以上设计变更	5	78.05	4	1	0	0
合计		发生1次设计变更	67	538.07	41	12	3	0
		发生2次及以上设计变更	24	142.19	9	4	0	0
		设计变更总计	80	680.25	50	16	3	0

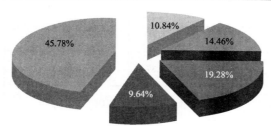

■	设计考虑不周
■	生产施工要求
■	民事纠纷、青赔问题
■	城镇规划调整
■	设计改进

45.78%　10.84%　14.46%　19.28%　9.64%

图5-2　××市2013年配电网设计变更原因统计情况

表 5–25

××供电局 2013 年配电网工程设计
变更金额较大明细表

序号	发生变更的项目名称	变更原因	变更金额绝对值合计（万元）	变更次数合计（次）	是否办理设计变更手续	
					是，注明设计变更单号	否，原因
一			地区 1			
1	10kV××线工程	设计改进	6.03	1	P11××	
2	10kV××线工程	设计改进	0.00	1	P15××	
3	10kV××（2 期）沙溪中低压台区	设计改进	9.05	2	P15××	
二			地区 2			
1	××支线改造工程	地方用电调整和安全运行考虑	25.52	1	DAXP–20××	
2	××支线改造工程	考虑防风加固及土地施工变更原因	7.84	1	DAXP–20××	
3	××分支线改造工程	架空线更改线行	6.50	1	P09××	
4	××线改造工程	由于政府规划问题及地形问题	21.64	2	LKXP–20××	
5	××线支线改造工程	因当地规划路改变及青赔问题	29.65	1	SJMN–20××	
6	××支线改造工程	涉及村民利益和施工现场地形的需要	26.56	1	P09××	
三			地区 3			
1	10kV××线工程	村民阻工和青赔问题	7.02	1	是（无变更单编号）	
2	10kV××线工程	城镇规划调整	7.59	1	是（无变更单编号）	
3	10kV××线工程	电缆沟被淤泥煤粉堵实	11.04	1	是（无变更单编号）	
4	10kV××线Ⅱ期工程	基础土质较差及青赔问题使线行延长	7.87	1	是（无变更单编号）	
5	10kV××线工程	线行改变和部分电杆经过的土质坚硬	7.11	1	是（无变更单编号）	
6	10kV××支线工程	电源 T 接点迁改和部分电杆经过的土质坚硬	9.13	1	是（无变更单编号）	

序号	发生变更的项目名称	变更原因	变更金额绝对值合计（万元）	变更次数合计（次）	是否办理设计变更手续	
					是，注明设计变更单号	否，原因
7	10kV××支线工程	电源 T 接点优化和部分电杆经过的土质坚硬	7.21	1	是（无变更单编号）	
8	10kV××线工程	城区地形限制及城市规划调整	9.63	1	是（无变更单编号）	
9	10kV××支线工程	城区地形限制及城市规划调整	6.63	1	是（无变更单编号）	
10	10kV××支线工程	城区地形限制及城市规划调整	10.65	1	是（无变更单编号）	
四		地区 4				
1	××支线改造工程	规划公路扩建	6.83	2	P09××	
2	10kV××线#40–#79杆改造中	铁塔基础挖土方出现流沙及河流水位高涨	1.31	2	P09××	
五		地区 5				
1	10kV××线电机联跨公路改造工程	基础土质较差，造成开挖及回填变更	29.20	2	是（无变更单编号）	
2	××低压改造工程	电缆管线所经过厂区门前不能开挖	21.57	1	是（无变更单编号）	
3	××低压改造工程	因民事问题 4 基 8 米水泥杆无地方打拉盘	29.85	1	P09××	
4	10kV××线工程	#47 至#54 杆塔位无路走	24.72	1	P09××	
5	10kV××支线改造工程	民事问题及#56 杆处世鹅蛋石和流沙人力无法开挖	27.00	6	P09S××	

4. 投资控制评价

配电网工程投资控制评价主要是为了考察配电网工程的投资控制情况。主要是对项目的可研估算投资、批复概算投资以及决算投资进行统计汇总，得出被评项目中投资超支项目和投资节余项目的数量，并对投资超支和节余较大的项目进行原因分析。

查阅××供电局 2013 年配电网投资项目立项的批复概算投资以及决算投资，进行差异对比得出项目的投资超支/节余率。汇总填写投资情况见表 5–26 和表 5–27。

表 5–26 配电网项目投资控制情况表

地区	批复概算	竣工决算	超支（节余）金额	投资节余率
地区 1	9054.55	8423.20	−631.35	−6.97%
地区 2	8550.04	7963.47	−586.57	−6.86%
地区 3	9047.82	8564.48	−483.35	−5.34%
地区 4	9060.34	8618.22	−442.12	−4.88%
地区 5	6109.01	5661.52	−447.47	−7.32%
地区 6	8543.38	8027.10	−516.29	−6.04%
合计	50365.14	47258.00	−3107.14	−6.17%

表 5–27 投资变化率分布统计表

投资变化率	−15%以下	−15%～−10%	−10%～0%	0%以上	合计
区县局（个）	0	0	6	0	6
所占比例（%）	0	0	100	0	100

××供电局 2013 年配电网投资项目立项调整（含调整和补充项目）总金额 50365.14 万元，竣工决算金额为 47258.00 万元，工程竣工决算金额比立项调整金额减少 3107.14 万元，投资降低率为 6.17%。

从各区县局投资降低率来看，各区县局投资变化率均控制在（−10%，0）范围内，其中地区 4 配电网项目投资变化率控制在（−5%，0）范围内。从工程实际建设规模和初设规模对比情况来看，各区县局建设规模变化较小，地区 5 投资变化率较其他区县局变化较大，主要为主材设备费的减少，而从主材设备费的实际节余情况来看，主要为设备材料单价的下降，部分设备材料单价变化较大，如交联电缆实际价格几乎较概算单价下降 50%。

总结××供电局 2013 年配电网投资控制主要有如下经验：

1）设计阶段，××供电局工程建设部统一在设计环节把关，要求设计单位严格执行××电网公司 10kV 配电网工程标准设计，结合××局配电网运行特点，选择技术上成熟，经济上合理的设计方案，并根据标准设计中的设备材料制定出配电网工程物资统一标准，同时选用通用的设备材料。

2）招投标阶段，××供电局均对各工程施工费做了最高限价说明，并且通过招标，设备材料单价较概算单价有所降低，在确保工程进度和工程质量的前提下，招标制的执行对控制与降低工程造价起到了积极作用。

3）竣工阶段，××供电局委托××工程师事务所有限公司和××工程咨询有限公司进行工程结算审核，并委托××会计师事务所有限公司出具了决算审计报告，对工程量和价进行了严格把关。

从各区县局单项配电网工程竣工决算和概算投资对比情况来看，部分单项配电网工程决算投资较概算投资偏差较大，偏差率在20%以上的项目数共计12项，偏差率在10%～20%之间的项目数共计5项，偏差率在10%以上的占全部竣工项目数的5.76%，其中5项工程偏差较大主要为工程量的变化引起，其余14项工程主要为设备材料费变化较大。

5. 质量控制评价

××供电局借鉴"小业主，大监理"管理模式，充分发挥监理人员作用，要求监理人员切实履行监理职责，为了实现监理合同中的监理职责和义务，监理单位采取事前、事中和事后质量控制。事前控制，认真做好图纸会审工作，审查施工单位的施工组织设计、技术措施方案，审查主要材料、配件和设备合格证件；事中控制，控制监督与施工有关的技术文件的贯彻执行情况，施工方案落实情况，质量体系运作情况，定期或不定期召开监理例会，及时发出会议纪要，发出监理周报，每期周报以工程动态，监理工作情况，存在问题几方面的内容向建设单位进行监理工作汇报；事后控制，对工程进行检查验收和竣工资料的审查整理，严格要求施工单位贯彻执行"三检"验收制度，在自检验收合格的基础上由项目监理部和建设单位组织检查验收，对验收中发现的缺陷和问题以监理工程师通知单的形式书面通知施工单位整改，整改后再由监理工程师复直至符合要求，保证施工质量。

经过施工单位建立了三级自查体系，再加上业主监督检测、监理单位控制、设计单位参与的纵横结合、相互配合、相互补充的质量管理体系，从而保证了工程的建设质量，实现了参建单位的质量控制目标，见表5-28。

表 5–28　　　　　　　　　　　　一次验收合格率统计表

地区/类型	竣工项目数（项）	对比竣工项目数一次验收合格的项目数（项）	一次验收合格率
地区 1	48	48	100%
地区 2	70	70	100%
地区 3	75	75	100%
地区 4	27	27	100%
地区 5	46	46	100%
地区 6	64	64	100%
合计	330	330	100%

6. 安全控制评价

××供电局配电网建设始终把安全放在第一位，坚持"安全第一、预防为主"的方针，牢固树立"管工程必须管安全"的意识，××市 13 新建配电网施工安全管理主要包含施工单位自查、建设单位的督查和监理单位的监督等纵横结合、相互配合的安全控制体系，并制定《关于加强电网建设工程作业指导书应用的通知》（××供电程〔2013〕77 号）和《关于印发〈××供电局外包工程现场安全文明施工及个人违章罚款抵押金实施细则〉的通知》（××供电程〔2013〕26 号）等安全规章制度，规范员工作业行为。

在××供电局 2013 年配电网工程开工前，建设单位核实施工单位的安全施工记录和安全施工资质，并与施工单位签订工程承包安全合同，明确各自安全职责；监理单位认真检查承包双方签订的施工合同及安全协议书，组织机构是否健全，措施是否满足施工安全要求等有关资料，并要求施工单位进行安全交底、技术交底；在施工过程中，建设单位狠抓层级安全责任制，工程部联合安监部加强定期及不定期安监巡查，并出具安全督查简报，对于每周公布现场作业及安全风险评估为中级以上的施工点，工程部及安监部到点、到位，进行定人、定项现场监督，确保了施工安全；而监理单位则加强现场巡视、检查、旁站，发现不安全现象及时指出并通知施工单位整改，在每次例会上宣传贯彻安全工作要求；施工完后，监理单位会同施工单位安全员进行全面检查，做到"工完，料尽、场地清、施工设备无遗留和隐患"。

尽管施工单位在施工过程中存在诸如个别施工人员安全意识缺乏等，但通过建设单位和监理单位的监督和施工单位的及时整改，最终实现人身伤亡和设备责任事故"零"目标，见表 5–29。

表 5–29　　　　　　　　　　　　安全控制分析评价表

序号	项目	人身伤亡事故			机械事故	火灾事故	交通事故
		死亡	重伤	轻伤			
1	计划指标	0	0	0	0	0	0
2	实际完成	0	0	0	0	0	0
相关文件及规章		《国家安全生产法》《国务院安全生产管理条例》《电网建设安全工作规程》《电网建设安全施工管理规定》					

总结安全控制经验如下：

1）大力加强监理单位安全管理力度，推广业主、监理联动监督；

借鉴"小业主，大监理"管理模式，充分发挥监理人员作用，要求监理人员切实履行监理职责，重点做到日常管理到位、重要复杂施工监督到位和安全教育管理到位，通过推广业主、监理联动监督，真正实现项目无隙覆盖。

2）积极开展配电网工程"安全、优质、文明"样板工程创建活动式。

按照××电网公司电网建设"安全、优质、文明"样板工程创建活动目标，××供电局提前部署，积极响应，根据向电压等级渗透、向配电网工程全面拓展的总体思路，切实做好配电网工程创建工作的过程控制。

7. 工程监理评价

××电力工程监理有限公司按照要求于开工前编制完成了各区县局配电网工程监理规划及实施细则，明确了监理工作依据、监理范围和内容、监理工作目标、监理措施、监理组织及资源配置等；

（1）监理准备工作与执行情况及评价。

1）工程开工前监理工作执行情况。为确保工程安全、质量和进度达到监理目标要求，监理工程师严把事前控制一环，在开工前① 熟悉设计文件和图纸，认真做好图纸会审工作，将审核意见落实到工程中；② 审查施工组织设计、技术措施方案、安全保证措施，并提出监理意见；③ 审查施工单位的质量与安全保证体系和管理制度是否健全，专兼职安全员是否到位，审查特殊工种人员上岗证件是否齐备和有效；④ 审查主要材料、配件、设备合格证件，质量证明和有关复检报告；⑤ 审查工程有无分包；⑥ 审查工程开工报告。

2）施工阶段监理工作执行情况。施工阶段的监理工作主要是施工过程中的控制，控制监督与施工有关的技术文件、安全文件的贯彻执行情况，施工方案落实情况，质量体系运作情况等。

质量控制上，监督检查施工组织设计、主要分部/分项（工序）施工技术方案的贯彻执行情况；检查承包单位质量保证体系的运作；严格工序质量的检查验收工作；严格管理"工程变更"并监督实施；对于施工过程中的质量缺陷，下达《监理工程师通知单》；严查持证上岗情况和进场材料质量合格与否；做好监理日志、原始记录，认真签署有关监理工作文件；

进度控制上，积极协助施工单位抓好施工进度，认真审阅施工进度计划，并经常比较实际施工进度与计划进度，发现偏差时，及时与施工单位负责人联系及商议具体应对措施，对于难以解决的问题向建设单位书面反映；

投资控制上，严格工程变更管理，对工程中涉及的设计变更问题，按配电网设计变更流程，由设计单位以设计变更形式，经监理、建设单位有关人员现场确认后处理；认真做好工程计量和验收工作，凡未经验收或者检查验收不合格的项目工程量不予计量；

安全控制上，监理人员定期检查施工单位专、兼职安全人员是否到位，安全规章制度的贯彻执行情况，安全设施和安全用具的完善性和有效性，施工现场的安全文明措施落实情况；经常巡视、检查安全措施的贯彻执行，发现问题及时指出并令其纠正，发现危及人员安全和设备安全隐患时令其停工并整改；在例会上，宣传贯彻安全工作要求，学习有关安全文件和事故通报，加强了各级施工人员对安全重要性的认识和理解。

（2）监理工作效果评价（见表5-30）。

表5-30 监理工作目标汇总表

质量目标	进度目标	投资目标	安全目标
达到国家"验收"规范和标准及施工合同约定的质量要求，全部工程达到100%合格	进度控制在施工合同规定的工期内（含计划调整后工期）	投资控制在（合同总价）范围之内	在整个工程施工期间各参建单位不发生人身伤亡事故，重大质量事故，和其他重大事故，做到安全文明施工

1）质量控制效果评价。各单项工程在施工完毕后，经施工单位"三级"自检后，形成工程竣工资料，监理对竣工资料进行全面审查，并对每一单项工

程按照国家、××公司和××电网公司颁发的现行施工验收规程、技术规程和质量验评标准等有关文件要求进行预验收。经检查实际工程量与上报工程量基本相符，施工质量符合规范要求，其资料、文件基本齐全，已具备竣工验收的条件。经××市2013年新建配电网建设与改造工程验收小组验收，抽检项目实际工程量与上报工程量相符，各单项工程质量符合设计和国家验收规范的要求，一致通过验收。

2）进度控制效果评价。监理单位加强对现场实际进度的调查，随时掌握施工单位人力、设备、机具等投入情况，出现问题及时作出调整方案，××供电局2013年新建配电网工程计划下达建设起止年限为2013年3月至12月，虽部分工程受民事和材料供应滞后问题而存在拖期情况，但各区县局整体项目实际完工时间均在12月底前完成，实现了整体计划进度目标。

3）投资控制效果评价。工程总投资控制在概算投资范围内，按同口径对比，全口径结算投资较调整计划投资减少3091.69万元，投资降低率为5.05%。

4）安全控制效果评价。监理单位积极落实"安全第一、预防为主"方针，加强监督，对进场的机械设备检查其完好性，根据检查中发生的隐患和问题，督促施工单位落实整改，保证了安全施工，提高了各项目部的安全工作水平，工程自开工至结束，未发生任何安全事故，达到了监理工作的安全目标。

（3）监理工作总体水平评价及建议。

在施工过程中，监理部能按照监理规范的要求，严格执行施工及验收规范，及时办理施工单位报审、签证及验收等工作，与建设单位、设计单位、施工单位、供货商、其他行业部门等各方做好协调沟通工作，较好地履行了监理"四控两管一协调"的职责，但监理单位的协调力度仍有待加强。

8. 竣工验收评价

配电网工程施工完成且施工单位完成三级自检后，施工单位备齐相关技术文档，报监理单位预验收，通过监理单位预验收后，各区县局计划建设部会同局属有关单位组成一级竣工验收小组，并会同设计、监理和施工单位开展投运前的验收工作，单项工程竣工验收合格后，填写《单项配电网工程竣工验收报告》至××市局工程建设部备案，所有项目完成后形成各区县局竣工验收报告。

××市局以《关于调整××供电局配电网工程验收委员会成员的通知》（××供电程〔2014〕29号）形成发文，组织成立二级竣工验收小组，包括验收委员会和验收工作小组，并在各区县局完成竣工验收后，以《关于开展××

市 2013 年新建配电网工程总验收工作的通知》(××供电程〔2014〕34 号)下达××2013 年配电网工程竣工总验收任务，委托 6 个专家验收组分别对市区、地区 1–5，2013 年新建配电网工程进行竣工总验收，专家验收组由工程项目管理组、物资管理组和财务管理组组成，验收内容主要包括工程资料、质量和资金管理三部分进行，出具的验收报告认为：工程立项和概算批复文件齐全，竣工项目与立项批复对应；抽查量符合验收要求，工程质量符合有关规范要求，竣工工程量与实际抽查工程量基本相符；工程资金支出按国家、××电网、省公司和××供电局财务管理制度开支。

××供电局 2013 年新建配电网工程实行分级、分批、分项验收，符合《××供电局配电网工程建设管理实施细则》中对工程竣工验收的规定，但按照××供电局 2013 年新建配电网工程竣工验收管理要求，竣工总验收必须具备"建设情况报告、现场检查及验收报告、财务和效益分析报告、由省公司备案的中介机构已出具审价及审计报告"，而中介机构出具审计报告时间（2014 年 4 月）均在总验收时间（2014 年 3 月）之后，因此，建议××市供电局严格按照竣工验收制度执行，进一步协调好竣工验收和决算审计两者之间的进度关系。

9. 项目实施过程评价总结

经过建设单位、设计单位、监理单位和施工单位的共同努力，××市 2013 年新建配电网工程于 2013 年 12 月 30 日前顺利实施完成，实现质量和安全双零事故，质量被鉴定为优良，各区县局总投资控制率在（–10%，0）范围内。但在项目建设实施过程中，合同资金支付管理水平还需加强，建议××局对于合同资金支付情况，应注重质保金的约束作用，同时，可改进现有支付模式。

第三节　项目实施效果评价

一、项目技术水平评价

为综合评价××供电局 2013 年配电网工程的技术水平，邀请国内有关行业的名专家对该工程路径选择、电缆选型、变压器选型、电气安装和土建施工 5 个重点方面的安全可靠性、可实施性、节约环保性、可维护性和可扩展性进行评定。评定工作采用无记名形式，参加评定的专家独立打分，然后经综合计算，得到综合评定表，见表 5–31。

表 5-31　　　　　　　　　　　项目技术水平综合评定表

评价要素	安全可靠性	可实施性	节约环保性	可维护性	可扩展性	合计
路径选择	91.68	79.18	85.83	86.68	70.00	83.21
电缆选型	87.50	95.83	87.50	95.83	86.93	88.96
变压器选型	100.00	95.83	95.83	95.83	70.83	94.67
电气安装	87.50	91.68	83.33	95.83	75.00	86.76
土建施工	87.50	91.68	87.50	95.83	83.33	90.23

根据满分 100 分，60 分及格的计分方式，××供电局 2013 年配电网工程路径选择、电缆选型、变压器选型、电气安装和土建施工 5 个重点方面综合评定得分较高，说明配电网工程的各项性能指标到达了较为满意的程度，项目技术水平较高。

二、项目运行效果评价

1. 配电网结构评价

配电可转供率是衡量供电企业配电网结构水平的主要指标之一，各区县局 2012 年、2013 年停电可转供率基础数据见表 5-32。

表 5-32　　　　　　　　××10kV 及以下配电网可转供率基础数据表

序号	区县局	基 础 数 据	
		2012 年	2013 年
1	地区 1	53.72%	90.13%
2	地区 2	35.38%	69.29%
3	地区 3	48.14%	72.93%
4	地区 4	29.95%	62.31%
5	地区 5	21.41%	63.54%
6	地区 6	32.46%	75.19%
合　计		40.30%	74.63%

从配电可转供率指标分析，××供电局通过 2013 年配电网建设，该指标数据明显提高，整个市局配电可转供率指标提高了 34.33 个百分比，市区和各

139

区的指标也都有显著提高。

2. 装备水平评价

（1）架空线路绝缘化率。

配电网架空线路绝缘化率的提高，将使线路的故障率下降，提高供电可靠性，绝缘线的推广可以有效地解决城市绿化中的树线矛盾，美化城市景观，是反映电网结构现状的主要指标之一，××市各区县局 2012、2013 年基础数据见表 5-33。

表 5-33　　　　　　　××2013 年 10kV 及以下配电网工程架空
线路绝缘化率基础数据表

序号	区县局	基 础 数 据	
		2012 年	2013 年
1	地区 1	76.68%	78.03%
2	地区 2	30.76%	33.36%
3	地区 3	13.46%	14.29%
4	地区 4	5.31%	6.29%
5	地区 5	2.43%	3.00%
6	地区 6	17.37%	18.16%

从表 5-33 可以看出，各区县局 2013 年均较 2012 年绝缘化程度提高，该项指标目标基本实现，但区 4 和区 5 相对偏低，分别只有 6.29% 和 3.00%，考虑到区 4 的实际情况，建议今后加快对农村的山区和林区等区域进行架空裸导线的绝缘化改造，提高供电安全性与绝缘化水平，城区则以电缆化改造为主，提高供电安全性和供电可靠率，满足城市建设需要；而区 5 里 10kV 配电网存在大量架空裸导线，建议今后加快对城区架空裸导线的绝缘化改造，提高供电安全性与绝缘化水平，其余各镇应视供电可靠性要求适当提高线路的绝缘化率，以满足供电安全性和可靠性。

（2）高损耗变压器比率。

高损耗变压器降低率指标是反映节能降耗政策的执行情况，是反映年度高损耗配电变压器的更换情况，见表 5-34。

表 5–34　　　　　　××2013 年 10kV 及以下配电网工程高损耗
变压器比率基础数据表

序号	区县局	基 础 数 据	
		2012 年	2013 年
1	地区 1	8.64%	0.91%
2	地区 2	12.19%	5.30%
3	地区 3	11.49%	6.45%
4	地区 4	22.61%	16.98%
5	地区 5	7.54%	6.07%
6	地区 6	16.50%	13.59%
合　计		13.81%	8.24%

从表 5–34 可以看出，各区县局高损耗配变比率均下降，市局整体该项指标下降 5.57%，但部分区县局仍有较多高损耗配变未更换，主要受年度投资和本身装备水平限制。

3. 运行水平评价

（1）重、过载线路比率。

经过 2013 年新建配电网工程的建设，截至 2014 年底，××市共有重（过）载线路 64 条，较 2013 年的 115 条减少 51 条，具体数据见表 5–35。从该基础数据表可以看出，虽然××市 2014 年重、过载线路比率较 2013 年降低，该项指标目标基本实现，但部分区县局重（过）载线路比率仍偏高，在 11% 以上，因此面对重（过）载线路问题，仍需增加配电网建设投入，加大整改力度，见表 5–35。

表 5–35　　　　　　××2013 年 10kV 及以下配电网工程重过载
线路比率基础数据表

序号	区县局	基 础 数 据	
		2013 年	2014 年
1	地区 1	15.20%	6.36%
2	地区 2	3.89%	3.00%
3	地区 3	16.64%	4.70%
4	地区 4	4.98%	3.49%

序号	区县局	基 础 数 据	
		2013 年	2014 年
5	地区 5	13.23%	8.79%
6	地区 6	12.18%	11.25%
合　计		10.63%	5.63%

（2）重、过载配变比率。

经过 2013 年新建配电网工程的建设，截至 2014 年底，××市共有重（过）载配电变压器 818 台，较 2013 年的 999 台减少 181 台，各局通过新建配电网工程的实施解决或分摊了部分配电变压器的重过载问题，各区县局基础数据见表 5-36。从该基础数据表可以看出，虽然××市 2014 年重、过载配变比率较 2013 年降低，该项指标目标基本实现，但部分地区的重（过）载配变比率仍偏高，均在 9%左右，因此面对重（过）载配变问题，仍需增加配电网建设投入，加快对重、过载配变区的增容或增加配变数量等整改工作，见表 5-36。

表 5-36　　　　　　　　××2013 年 10kV 及以下配电网工程重过载
配变比率基础数据表

序号	区县局	基 础 数 据	
		2013 年	2014 年
1	地区 1	2.34%	1.74%
2	地区 2	2.84%	2.24%
3	地区 3	5.76%	4.58%
4	地区 4	12.51%	9.17%
5	地区 5	17.76%	8.76%
6	地区 6	16.22%	9.13%
合　计		8.60%	5.65%

（3）综合电压合格率。

综合电压合格率反映了电压在允许偏差范围内波动的概率，是考核电能质量的重要指标，是反映综合电压合格率控制目标的完成情况，是考察配电网安全可靠性的主要指标之一，××市各区县局 2013～2014 年基础数据见表 5-37。

表 5-37　　　　　**××2013 年 10kV 及以下配电网工程综合**

电压合格率基础数据表

序号	区县局	基础数据	
		2013 年	2014 年
1	地区 1	99.61%	99.90%
2	地区 2	99.65%	99.92%
3	地区 3	99.61%	99.90%
4	地区 4	99.63%	99.89%
5	地区 5	98.92%	99.84%
6	地区 6	99.81%	99.87%
合　计		99.61%	99.91%

从表 5-37 可以看出，经过 2013 年配电网的建设与改造，各区县局综合电压合格 2014 年均较 2013 年有一定程度提高，满足《××市中低压配电网规划设计技术原则》规定，城市居民端电压合格率不低于 99.2%，农村居民端电压合格率不低于 98.5%，各区县局 2013 年和 2014 年综合电压合格率均高于规定的 99.2%。

4. 配电自动化评价

《××市中低压配电网规划设计技术原则》中规定"在配电网的建设与改造中应积极采用成熟的新技术、新设备，坚持"安全、可靠、先进、适用"的原则，中低压配电网设备应向绝缘化、无油化、小型化及智能型、高防护等级、免维护或少维护方向发展，并应考虑将来发展配电网自动化的可能""应将配电网自动化纳入城市配电网规划，逐步实现配电网自动化，配电系统自动化、通信、负荷管理及用电管理营业信息系统应与城市配电网同步建设"，明确了对配电网自动化规划建设的目标。

配电网自动化和信息化是一项复杂的系统工程，××局按照先试点后推广的原则，加快配电网自动化和信息化建设步伐。目前，××供电局在部分区局进行了配电网自动化试点工作。

三、项目经营管理评价

××供电局运检部门运行管理科学规范，建立并健全了岗位责任制，定期召开过程运行分析会议，以检查、总结改造与运行中存在问题，及时总结经验教训。生产运行人员管理素质高，熟悉运行维护操作规程、定期进行巡视。为提高变电运行人员的操作技能和业务水平，结合××供电局变电管理所岗位胜任能力抽考专项行动工作要求，各运维人员定期开展了技能类"菜单式"过关培训及考核工作。

项目经济效益评价

经济效益是在项目经济效益和费用估算的基础上，考察项目全寿命周期内的盈利能力、偿债能力和财务生存能力。本次后评价财务评价指标依据《××公司固定资产投资项目后评价实施办法补充规定》，结合《建设项目经济评价方法与参数(第三版)》，对 2013 年××供电局配电网工程项目进行经济效益评价。

一、盈利能力分析

1. 主配网收益分摊比例

本次后评价对象为××2013 年配电网工程，引入"主配网收益分摊比例"将某个自然年度配网投资项目对应的销售收入从全局中剥离。为了平衡主配网投资的波动性，"主配网收益分摊比例"是用 2010～2013 年各年新增配网投资总额与 2010～2013 年各年全局资产总额（净值）的比值的平均值，作为主配网销售收入切分比例，即暂不考虑变电容量分摊，仅考虑资产分摊。经计算，"主配网收益分摊比例"为 4.2%，见表 5-38。

$$主配网收益分摊比例 = 10年主配网收益分摊比例 + 11年主配网收益分摊比例 +$$
$$12年主配网收益分摊比例 + 13年主配网收益分摊比例 =$$
$$\frac{2.85\% + 3.94\% + 4.42\% + 5.59\%}{4} = 4.2\%$$

表 5-38　　　　　　年度主配网收益分摊比例基础数据表　　　　单位：亿元，%

年份	新增配网投资总额	全局配网资产总额（净值）	全局资产总额（净值）	新增配网投资总额/全局配网资产总额（净值）	全局配网资产总额（净值）/全局资产总额（净值）	主配网收益分摊比例
2010	1.71	18.50	60.00	9.23%	30.84%	2.85%
2011	2.81	17.74	71.37	15.86%	24.86%	3.94%
2012	3.32	19.89	75.13	16.68%	26.47%	4.42%
2013	4.73	24.21	84.55	19.54%	28.63%	5.59%

2. 经济效益分析

××2013 年 10kV 及以下配电网工程项目经济效益分析所使用到的基础数据见表 5-39。

表 5-39　　　　　　　　　　基 础 数 据 一 览 表

项　目	年　份	数　值	数据来源
全局售电量	2014	11020148.28MWh	××供电局
全局供电量	2014	11460954.21MWh	××供电局
增长率	2015~2019	年递增 1.84%	××供电局
平均购电价	2014~2028	405.22 元/MWh	××供电局
平均售电价		627.77 元/MWh	××供电局
经营成本	2014~2028	3798.12 万元	××供电局
贷款利率	2014~2028	按人行规定的 5 年期以上档次贷款利率执行，确定贷款利率平均值为 6.8%	××供电局
还款方式	2014~2028	按年等额还本，利息季付	××供电局
评价起始时间点	2013 年末	净现值折算至 2013 年年末	××供电局
项目寿命周期	2014~2028	共计 15 年	××供电局
折旧方法	2014~2028	直线折旧法，残值率 5%	××供电局
投资总额	2013 年	47258 万元	××供电局
固定资产形成率	2014 年	100%	财务审计决算报告
融资前税前财务基准收益率	2014~2028	7%	国家发改委、建设部《建设项目经济评价参数》
资本金税后财务基准收益率	2014~2028	10%	国家发改委、建设部《建设项目经济评价参数》
营业税金及附加	2014 年	城市维护建设税和教育费附加分别按照增值税的 7% 和 3% 计列	增值税按 17% 计，为价外税，仅作为计算营业税金及附加的基础，××电网公司提供
企业所得税率	2014~2028	25%	××电网公司提供

经测算，融资前税前财务内部收益率为 9.16%，高于国家发改委和建设部发布的融资前税前财务基准收益率 7.00%；资本金税后财务内部收益率为11.72%，高于国家发改委和建设部发布的资本金税后财务基准收益率 10.00%；年平均总投资收益率 6.21%，投资净利润贡献率 2.48%，投资回收期为 9.16 年。

可以看出，××供电局 2013 年 10kV 及以下配电网项目经济效益良好，见表 5-40。

表 5-40 盈利能力分析测算结果

项　　目	测算结果
融资前税前财务内部收益率	9.16%
税前净现值总额（万元）	6922.06
资本金税后财务内部收益率	11.72%
税后净现值总额（万元）	1325.56
年平均总投资收益率	6.21%
投资净利润贡献率	2.48%
投资回收期（年）	9.16

二、偿债能力分析

为了分析项目的偿债能力，测算利息备付率和偿债备付率两个指标。该项目的还款方式为按年等额还本，利息季付。从表 5-41 中可以看出，从 2015 年起整个项目具备还本付息的能力，且资金保障程度充足。2014 年，项目付息的资金保障程度一般，需要筹措短期借款来保证资金。

表 5-41 项目偿债能力测算表

年份	2014	2015	2016	2017	2018	2019	2020	2021
利息备付率	0.88	1.01	1.16	1.34	1.56	1.81	2.01	2.27
偿债备付率	1.03	1.10	1.17	1.22	1.29	1.36	1.41	1.46
年份	2022	2023	2024	2025	2026	2027	2028	/
利息备付率	2.59	3.02	3.63	4.53	6.04	9.06	18.13	/
偿债备付率	1.51	1.57	1.64	1.71	1.80	1.89	1.99	

三、敏感性分析

对于配电网工程经济效益影响较大的因素主要包括购售电价和售电量，就这两个因素变化对项目经济效益的影响进行敏感性分析，而购售电价和售电量

经济效益影响一致。所以,2014～2028 年购售电价差的浮动值设定为–5%和+5%
进行项目的敏感性分析。

　　根据××供电局 2013 年配电网工程购售电价和售电量等基础数据进行计
算, 所得购售电价差售电量敏感性分析测算结果见表 5–42 和图 5–3。

表 5–42　　　　　　　　　　购售电价差/售电量敏感性分析测算表

电价/输电量	–5%			0%	5%		
	测算结果	变化率	敏感性系数	基准值	测算结果	变化率	敏感性系数
融资前税前财务内部收益率	7.84%	–14.36%	2.87	9.16%	10.43%	13.91%	2.78
资本金税后财务内部收益率	8.31%	–29.12%	5.82	11.72%	15.03%	28.29%	5.66
年平均总投资收益率	5.21%	–16.18%	3.24	6.21%	7.22%	16.18%	3.24

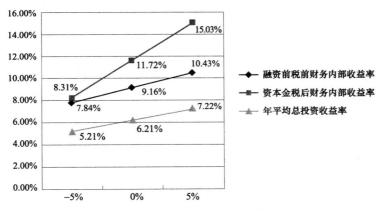

图 5–3　购售电价差敏感性分析图

　　从上述分析测算的结果可以看出, 购售电价和售电量均会对项目的经济效
益产生较大的影响, 且二者对经济效益的影响一致。购售电价差和输电量均对
资本金税后内部收益率的影响最大。当购售电价差或输电量增加 5%时, 资本
金内部收益率增加 28.29%, 敏感性系数为 5.66, 也就是说当购售电价或售电量
每增加 1%, 资本金税后内部收益率增加 5.66%。

第五节　项目环境效益评价

一、对地区环境影响评价

××供电局 2013 年配电网工程中积极承担企业责任，依据《中华人民共和国环境保护法》《建设项目环境保护管理条例》《土地管理法》《土地管理法实施条例》和《基本农田保护条例》，贯彻节约资源、保护环境的思想，贯彻人与自然相和谐的思想，正确处理人与自然的关系，在谋取发展的同时，做到人与自然和谐，防止人类活动对水土资源的过度消耗以及对生态环境的干扰破坏。将施工所产生的环境影响降到最低，控制施工占地，避开植被良好区，减少施工占压植被，减少对沿线人群生活影响，减少对可耕作土地的占用。根据统计结果显示 10kV 及以下项目每个项目平均施工临时占地面积为 0.69 亩，永久占用耕地面积为 0.21 亩。在××供电局 2013 年配电网工程中占用耕地的情况，但占用的面积比较小，应该进一步加强对施工占地的管理，尽量减少施工临时占地以及永久占用耕地。

建议××供电局在配电网工程中应用新材料、新技术、新设备。使用箱式变压器，推广电缆入地的供电模式，减少用地面积，使土地资源得到更好利用。

二、环保效果评价

1. 高损耗变压器降低率

高损耗变压器降低率指标是反映节能降耗政策的执行情况，是反映年度高损耗配电变压器的更换情况，见表 5–43。

表 5–43　××供电局 2013 年配电网工程高损耗变压器比率基础数据表

序号	地区	基 础 数 据	
		2012 年	2013 年
1	地区 1	9.71%	1.82%
2	地区 2	11.24%	4.16%
3	地区 3	10.32%	5.31%
4	地区 4	11.49%	7.81%

序号	地区	基 础 数 据	
		2012 年	2013 年
5	地区 5	8.61%	5.15%
6	地区 6	15.31%	12.41%
合　计		12.63%	7.11%

从表 5–43 可以看出，各地区高损耗配变比率均下降，公司整体该项指标下降 5.52%，但部分地区仍有较多高损耗配变未更换，主要受年度投资和本身装备水平限制。

2. 线损率

线损率指标反映了配电网经济运行水平，是反映节能环保的主要指标之一，××公司 2013 年、2014 年线损率基础数据见表 5–44。

表 5–44　　××供电局 2013 年配电网工程综合电压合格率基础数据表

序号	区县局	基 础 数 据	
		2013 年	2014 年
1	地区 1	6.39%	2.41%
2	地区 2	3.34%	2.92%
3	地区 3	3.41%	3.23%
4	地区 4	4.24%	2.43%
5	地区 5	4.12%	1.35%
6	地区 6	1.43%	1.76%
合　计		4.09%	3.43%

××公司科学合理地完善配电网网架结构，选择合理的导线截面和型号，从表 5–44 中可以看出，经过 2013 年新建配电网工程的建设，各地区线损率均有一定程度降低，按照《××市中低压配电网规划设计技术原则》中对线损率的规定：城市配电网线损率≤5%，城市低压台区线损率≤8%，农村配电网线损率≤7%，农村低压台区线损率≤11%，各地区××年线损率均小于 5%。

3. 清洁能源利用

××供电局 2013 年配电网工程加强了配电的可靠性，对分布式电源的并网起到了很大的作用。分布式发电是指利用分散式资源，装机规模较小的、布置在用户附近的发电系统，具体包括太阳能发电、资源综合利用和生物质发电等。该类项目必须接入公共电网，与公共电网一起为附近的用户供电。如果没有公共电网支撑，分布式系统就无法保证用户的用电可靠性和用电质量。光伏发电、沼气发电等清洁能源的利用，对环境保护产生了积极的意义。

三、项目环境效益评价结论

××供电局 2013 年配电网工程中存在占用耕地的情况，虽占用面积较小，但仍应进一步加强对于施工占地的管理，尽量减少施工临时占地以及永久占用耕地面积。对施工环境的影响仍需改进。

××公司清洁能源利用情况良好，小型水力发电厂、太阳能发电、资源综合利用发电和生物质发电的发展，不仅能够提高能源利用效率，优化能源结构。

第六节　项目社会效益评价

随着××地区经济的飞速发展，对电力的需求急剧增加，尤其是负荷中心区用电水平大幅度提高，建设一个强有力的电力保障系统对于××地区的经济社会发展具有重要作用。××供电局 2013 年配电网工程的实施，可以一定程度上满足××地区用电负荷需求，进一步提高供电质量和供电可靠性，对于确保××地区 GDP 增长提供可靠能源保障的供电任务具有积极作用。同时该工程的实施，为地区生产生活用电提供了有力保障，为改变能源消费结构、改善民生生活、增加地区消费就业等创造了有利条件。

一、对区域经济社会发展的影响

××供电局 2013 年配电网工程的建设，进一步完善了××地区配电网网架结构，提高了供电安全和供电可靠性，进一步提高了设备的健康运行水平。通过××供电局 2013 年配电网工程的建设与改造，环网率、典型接线比率和配电网可转供率均较上年提高；用户平均停电时间 2014 年较 2013 年降低了 11.37 小时/户，累计减少停电 87000 多时户，增供电量 2478 万 kWh，为居民、工业不断增长的用电需求提供了保障，满足了××地区各工业园和开发区不断增长的负荷需求，进一步优化了城市投资环境。

××公司牢固树立"以客户为中心"的理念，始终牢记电网企业社会责任，主动服务地方经济社会发展大局，把可靠供电作为优质服务的根本，在减少用户停电时间方面，通过规划和建设集约化开关站、开展配电网普查大整改、启动沿海地区防风加固工程、实施综合停电管理、实施动态监测、带电作业等措施，使客户停电时间大为减少，客户满意度不断提升。

××供电局 2013 年配电网工程从××年开工，××年投产，在整个工程建设过程中，需要消耗大量的人力、财力、物力。在施工期间，对于一些技术性要求不高的工作，当地许多农民工参与其中，实现了局部地区扩大内需增加就业的带动效应，同时也增加了当地农民工的收入，缓解了严峻的就业形势。另一方面，在工程建设实施地，必将要增加对餐饮、住宿、购物等方面的消费需求，客观上刺激了地区消费水平的提高。工程完成后，由于变电站增加、线路维护等的需要，将带动地区就业，进而促进其他行业的发展，从而带动当地的经济发展水平。总之，××供电局 2013 年配电网工程将对××地区的消费、就业等产生一系列良性影响。

二、对服务用户质量的影响

××供电局 2013 年配电网工程投产后，进一步改善了××地区的供用电环境，既提高了××电网运行的安全系数，又解决了××电网能源不足的瓶颈问题，保障居民用电需求。

三、利益相关方的效益评价

电网投资建设相关利益群体是指与建设工程项目有直接或间接的利害关系，并对项目的成功与否有直接或间接影响的所有有关各方，如项目的受益人、受害人以及项目有关的政府组织和非政府组织等。

相关利益群体影响分析的主要内容是：① 根据要求与项目的主要目标，确定项目包括的主要利益群体；② 明确各利益群体与项目的关系以及相互关系；③ 分析各利益群体参与项目的各种方式；④ 分析各利益群体的利益所在以及利益冲突。如下表中分别列出项目的主要利益群体、与项目的关系、在项目中的角色以及他们从项目中获得的利益和受到的损失，见表5-45。

表 5-45　　　　　　　　　　　　**相关群体利益群体分析表**

主要利益群体	关系	角色	损　　益
中央政府	间接	政策、审批、资金支持	近期和远期的社会发展效益，国家基础设施建设。（+）
地方政府部门	直接	政策、审批、资金支持	社会经济发展，地方财政收入提高。（+）
地方电网公司	直接	管理，建设	完善地方网架，供电可靠性提高，增加收入（+） 投资效益不够理想（-）
相关电力单位	直接	设计、施工、管理	收入增加，积累经验（+）
直接参与项目人员	直接	参与实施	增加就业机会，参与项目实施，从中获利（+）
设备、原材料提供商	直接	供应商	增加收入、提高利润、获得发展（+）
当地企业	间接	抵制到支持	施工期间影响供电可靠性（-） 建成以后供电可靠性提高，带动当地经济发展（+）
当地居民	直接	部分抵制	占用部分土地（-） 施工带来噪音及环境污染（-）

从国家及地方政府层面来看，配电网工程项目建设是贯彻落实国家进一步扩大内需促进经济平稳快速较快增长的积极有效措施，完善国家基础设施建设，因此配电网投资起着支持促进的作用；从相关建设参与单位来看，如地方电网公司，电力单位，实施单位等，电网投资建设带来了直接的经济效益，积累了相关的工程经验，因此电网投资对建设参与单位起着支撑作用，××供电局2013年配电网工程大部分建设项目资金用于购买设备材料，进一步拉动电力设备材料制造产业的发展。从当地农民及城镇居民来看，电网投资建设一方面提高了供电可靠性，电压合格率；另一方面给地方的社会经济发展带来巨大的机会，同时增加了相关地区就业岗位。

四、项目社会影响评价总结

××供电局2013年配电网工程对经济社会影响显著，××供电局2013年配电网工程的实施对××地区的经济社会发展提供了重要的支撑和保障。同时，××供电局2013年配电网工程的实施，为新形势下××地区提供了放心、优质、安全的电力，对于保障居民生产生活用电发挥了积极作用。同时该工程也对××地区的消费、就业等产生了一系列良性影响。

第七节 项目可持续性评价

一、延续性评价

项目延续性评价主要从经济效益、技术水平、运营管理水平等内部因素和政策环境、市场变化及趋势等外部条件综合分析评价。

1. 内部因素对项目延续性的影响评价

（1）经济效益。

项目收益、成本测算的基础数据——电量、电价、配电成本在后评价时点以前基于实际提供的数据测算，在后评价时点以后的基础数据则基于电价政策环境和市场变化的条件下进行预测，以此基础测算项目内部收益率为 9.16%，大于基准收益率，净现值为 6922.06 万元，大于零，项目具有较强的可持续能力。

（2）技术水平。

结合配电网运行特点，项目设计遵循配电网标准设计，选择技术上成熟，经济上合理的设计方案；设备材料根据标准设计中的配电网工程物资统一标准，为通用的设备材料，避免了不同设计单位对设备材料选型产生的差异，减少了工程建设中的库存物资；施工严格按照配电网施工规程规范，未发生安全事故。

总体上，项目技术设备成熟且在相当长时期内不会被淘汰，项目具有一定的可持续能力。

（3）运营管理水平。

项目运营单位在总结配电网年度工作的基础上，积极开展创先工作，并提出下年计划：① 重点抓好可靠性管理，修编完善《供电可靠性创先工作方案》，制定提高供电可靠性工作措施；② 全力抓好安全生产工作，层层落实安全生产责任；③ 提高设备运行管理水平，重点装备好输电、变电和配电等运行维护单位的工器具和仪器仪表，提高巡维、试验、消缺和检修能力；④ 攻克农网管理短板，逐步实现一体化，农网重点解决供电线路较长、环网率、停电影响时数户较多等问题；⑤ 加快自动化、信息化步伐，提高电力负荷预测准确率；⑥ 进一步做好节能降耗工作，落实降损措施，优先安排资金对高损"黑点"线路、台区进行改造，降低技术线损。

总体上，项目虽未开展围绕提升运维水平和配电网安全运行的职工创新项目，但法人治理结构稳定，能够围绕上年工作积极开展下年创先工作计划，项目具有一定的可持续性。

2. 外部条件对项目延续性的影响评价

（1）政策环境。

运营期内电价政策、产业政策变动对项目运营具有较大的影响。从近年电价情况看，电价波动较小，在后评价时点后，由于目前输配电价政府还未批准，按照输配电价定价办法初步测算，平均输配电价小于目前的购售电价差，但随着成本精益化管理的实施和企业管理水平的提升，输配电价政策对项目单位影响将逐步降低。同时，该地区还未有增量配电网试点，工业园区产业类型为该地区主要支撑产业，地方产业政策的支持对于地区负荷增长具有良好的促进作用。

总体上，项目运营期内政策环境良好，电价政策波动影响较小，产业政策对于项目延续性具有促进作用，项目具有一定的可持续性。

（2）市场变化及趋势。

××市区位优势明显，2009～2013年间，国内生产总值由879.2亿元增长到1493.93亿元，年均增长率为14.17%，其中第二产业增长较快，年均增长率为15.01%。根据2013～2014年实际供电负荷和用电量情况来看，年增长分别为20.1%和21.5%，而根据《××市2013～2019年中低压配电网规划》预测结果，2019年××电网全社会最大负荷4952MW，2012～2019年均增长9.2%，2019年××电网全社会用电量为268亿kWh，年均增长9.21%。良好的外部经济环境和全社会用电量的增长为××市配电网项目持续性发展提供了一个良好的外部环境。

总体上，项目运营期内政策环境良好，负荷在一定时期内呈增长趋势，项目具有较强的可持续性。

二、可重复性评价

项目从规划到投产各阶段，严格遵循网公司前期工作管理办法、配电网基建管理办法，并结合自身管理特色，在规划设计、建设管理方面摸索出具有一定特色的可供参考借鉴的配电网管理经验：

（1）规划设计方面：① 设计提前介入前期，确定配电网建设项目详细方案，取消存在阻力确实难以解决的项目；详细方案审查通过后再开展初设审查，给出审查意见并确定最终设计方案，各单位再将最终的详细方案上报，正式形成配电网建设项目库，从而提高项目的准确性和可实施性，控制设计与项目方案的偏差；②结合工程管理信息系统和工程资料电子化系统移交具体要求，制定设计审查内控表格，严格把关设计深度，减少设计变更；③根据标准设计中的设备材料制定出配电网工程物资统一标准，同时选用通用的设备材料，避免设计单位在设计方案、设备选型时存在差异，减少工程建设中的库存物资。

（2）建设管理方面：①细化配电网项目管理流程，结合配电网 GIS 等配电网管理系统建立配电网项目管理信息系统，从技术层面做到项目的控制管理；提前开展现场勘测和规划报建工作，提前处理好前期工作，提高项目的准确性和可实施性；②结算实行"竣工一单，结算一单"的管理模式，在竣工后，聘请有资质的中介机构对每个项目进行结算审价和决算审计，严审工程量和价，而其他费用项目按有关配电网改造工程财务处理的有关规定开支；③借鉴"小业主，大监理"管理模式，充分发挥监理人员作用，要求监理人员切实履行监理职责，重点做到日常管理到位、重要复杂施工监督到位和安全教育管理到位，通过推广业主、监理联动监督，真正实现项目无隙覆盖。

三、项目可持续性综合评价

内部因素中，项目内部收益率为 9.16%，大于基准收益率，净现值为 6922.06 万元，大于零，项目具有较强的可持续能力；项目设计遵循配电网标准设计，选用通用设备材料，施工严格按照配电网施工规程规范，项目技术设备成熟且在相当长时期内不会被淘汰，项目具有一定的可持续能力；运营单位法人治理结构稳定，项目具有一定的可持续性。

外部条件中，电价政策波动影响较小，产业政策对于项目延续性具有促进作用，项目具有一定的可持续性；项目所在地区经济环境良好，负荷在一定时期内呈增长趋势，项目具有较强的可持续性。

项目单位在规划设计、建设管理方面摸索出具有一定特色的可供参考借鉴的配电网管理经验，如设计提前介入，提前开展现场勘测和规划报建工作，制定设计审查内控表格和物资统一标准，实行"竣工一单，结算一单"和"小业主，大监理"的管理模式等。

综合内部因素和外部条件对项目可持续性的影响评价以及项目可重复性评价，项目具有较强的可持续能力，具有一定的可借鉴性。

第八节 项目后评价结论

一、项目成功度评价

依据《中央企业固定资产投资项目后评价工作指南》附表中的宏观成功度评价表，对××2013年配电网工程建设、效益和运行情况的分析研究，对该工程各项评价指标的相关重要性和等级进行了评判，见表5-46。

表 5-46　　　　　　　　宏观综合成功度评价表

评定项目目标	项目相关重要性	评定等级
宏观目标和产业政策	重要	A
决策及其程序	重要	B
布局与规模	重要	A
项目目标及市场	重要	A
设计与技术装备水平	重要	B
资源和建设条件	次重要	B
资金来源及融资	次重要	A
项目进度及其控制	重要	B
项目质量及其控制	重要	A
项目投资及其控制	重要	A
项目经营	次重要	A
机构和管理	次重要	A
项目经济效益	重要	A
项目经济效益和影响	重要	A
社会和环境影响	重要	A
项目可持续性	重要	A
项目总评		A

注　（1）项目相关重要性：分为重要、次重要、不重要。
　　（2）评定等级分为：A-成功、B-基本成功、C-部分成功、D-不成功、E-失败。

本报告从宏观方面对项目建设过程、经济效益、项目社会和环境影响以及持续能力等几个方面对××2013年配电网工程的建设及投产运行情况进行了分析总结。根据《中央企业固定资产投资项目后评价工作指南》，对指标的相关重要性进行了评定，通过打分对项目的总体成功度进行评价，宏观综合成功度评价结果为 A 说明工程建设评定等级为成功，见表 5–47。

表 5–47　　××供电局 2013 年 10kV 及以下配电网工程项目评价表

序号	区县局	经　　验	发展导向
1	地区 1	（1）严管重复停电、临时停电和延时停、送电，所有临时停电都实行"一支笔"审批；每月统计分析"延时停送电、重复停电、临时停电"等过程控制小指标情况，并查找原因，制定相应的整改措施； （2）具备带电作业条件的配电网设备检修工作，严格执行带电作业管理规定全部开展带电作业，加强用户沟通，积极开展辖区内的带电作业宣传，全面推广配电网带电作业工作； （3）成立配电网工程建设领导小组和工作小组，积极调控工程进度、协调征地青赔等，为配电网建设工作提供强有力的组织保障体系； （4）实现电力专项规划与城市总体规划的融合，电力专项规划纳入××市城市总体规划； （5）将工作重心迁移，早介入、早落实，各方联动、通力协作，逐一化解青赔过程中的各类矛盾； （6）依法行事，注重宣传，强化属地管理，保障了内外协调机制的顺畅	（1）做好配电网负荷预测和监测工作，及时进行负荷调整和控制； （2）积极推进配电网自动化建设，降低配电网运行维护费用
2	地区 2	（1）严管重复停电、临时停电和延时停、送电，所有临时停电都实行"一支笔"审批；每月统计分析"延时停送电、重复停电、临时停电"等过程控制小指标情况，并查找原因，制定相应的整改措施； （2）完成电力专项规划纳入城市总体规划	（1）做好配电网负荷预测和监测工作，及时进行负荷调整和控制； （2）进一步简化明晰线路接线模式，提高典型接线比例； （3）积极推进配电网自动化建设，降低配电网运行维护费用
3	地区 3	（1）完成将地区电力专项规划纳入城市总体规划，赋予电网规划法律效力，保证了线行在空间的可行性； （2）组织成立配电网规划建设工作小组，明确各成员工作职责和设计单位、建设单位的工作内容； （3）利用电网建设绿色通道，加快了工程前期工作； （4）针对工程实际情况，层层签订目标责任，充分发挥基层单位配营部、供电所的作用，积极引导运行单位提前介入工作项目的前期、线行、青苗、施工安全等环节，充分发挥供电所的区域优势，加大直接协调力度，达到了加快工程实施进度的要求	（1）以配电网技术导则要求选择导线线径，尽快更换线径小的线路或做好分流措施； （2）积极推进配电网自动化建设，降低配电网运行维护费用

序号	区县局	经　　验	发展导向
4	地区4	（1）完成电力专项规划纳入城市总体规划； （2）每日上报进度，确保施工按计划进行，各所施工前与村委会和政府沟通，减小民事纠纷	（1）做好配电网负荷预测和监测工作，及时进行负荷调整和控制； （2）加强配电网线路环网建设； （3）加快高损耗变压器的更换工作； （4）积极推进配电网自动化建设，降低配电网运行维护费用
5	地区5	（1）将电力专项规划纳入城市总体规划； （2）为了满足园区用电需要，提前介入，超前规划布局电网，加快建设步伐，同时，成立"地区5工业园区供电服务领导小组和工作小组"，简化业扩流程，缩短办电时间，为用户开辟服务绿色通道	（1）加强配电网尤其是农网线路的环网建设； （2）以配电网技术导则要求选择导线线径，尽快更换线径小的线路或做好分流措施； （3）进一步简化明晰线路接线模式，提高典型接线比例； （4）积极推进配电网自动化建设，降低配电网运行维护费用
6	地区6	（1）完成电力专项规划纳入城市总体规划； （2）部分营业所配电网运行管理资料比较齐全，已形成系统化和系列化； （3）部分供电所班组的工作执行力较强，各项工作都按标准军事化的管理要求进行	（1）加快高损耗变压器的更换工作； （2）以配电网技术导则要求选择导线线径，尽快更换线径小的线路或做好分流措施； （3）进一步简化明晰线路接线模式，提高典型接线比例； （4）减少项目变更，提高规划项目的可实施性

二、项目后评价结论

根据市局整体及各区县局得分情况及综合该项目从前期决策到投产运行等各阶段评价内容，可得出如下结论：

1. 项目建设过程各目标基本实现

前期决策阶段，××供电局明确2013年配电网建设重点，结合××市各区县配电网具体情况、经济发展情况和"十二五"配电网规划，以提高供电可靠率为目标，到2013年底，各目标基本实现。

项目实施阶段，××供电局组织对初步设计进行审查，推行标准化设计，选择技术上成熟，经济上合理的设计方案，严把设计关；招标组织程序、形式等基本能够按照《××供电局招标投标管理规定》执行，招标价较概算价降低；项目资金到位率100%，为工程的顺利实施奠定了基础；各参建单位基本上能够履行各自职责，施工单位做好项目开工的报审等工作，监理单位履行开工前审批开工报告和施工图会审等工作，建设单位与政府部门、土地权属单位沟通协调，落实用地情况和线路走廊，为项目的开工建设做好准备工作。

项目建设实施阶段，严格"四控"管理，于 2013 年底完成项目 330 项，实现了 13 配电网项目的计划进度目标，投资完成率为 83.26%，质量和安全实现双零事故，各单项工程质量符合设计和国家验收规范的要求。

2. 配电网结构和功能指标均得到改善，运行经济水平、供电安全性和供电质量提高

经过 2013 年配电网的建设与改造，配电网结构和功能指标均得到改善，10 千伏典型接线比率和线路环网率分别由 2012 年的 32.11% 和 47.95% 升高到 2013 年的 46.74% 和 57.17%，接线模式更加明晰；用户平均停电时间累计降低 98490 小时/户，停电可转供率和综合电压合格率分别由 2013 年的 40.30% 和 99.61% 升高到 2014 年的 74.26% 和 99.91%，供电安全可靠性和供电质量得到明显提高；线损率由 2013 年的 4.0% 下降到 2014 年的 2.33%，线损率的降低，直接降低了电能损耗，增加售电量，提高了配电网运行的经济性。

3. 项目投资和经济效益总体较为理想，社会效益显著

经测算，该项目处于盈利状态，融资前税后财务内部收益率为 9.16%，资本金税后内部收益率为 11.72%，投资回收期为 9.16 年，均为正值，取得了一定的投资回报，项目投资和经济效益总体较为理想。

接管并改××电网体现了××供电局本着供电企业的社会责任。××配电网项目投产后，进一步改善了××的供用电环境，抵御台风效果也极为明显，线路故障跳闸率下降。而随着××电网的逐步改造，居民的用电质量和××的投资环境将进一步得到改善，社会效益显著。

三、主要经验及存在的问题

1. 主要经验

（1）项目储备库按轻重缓急对初步方案分级储备，明确每年配电网建设重点。

在规划滚动修编报告内，各区县局依据规划原则，并结合运行情况及负荷发展需要，以满足客户需要、完善配电网络、提高电能质量和供电可靠性、消除设备缺陷、提高安全运行水平为目标，确定准备入项目库的配电网建设初步方案，并按轻重缓急对项目初步方案分级储备，配电网建设方案含项目表及项

目说明表，而项目说明表内含设备现状、存在问题、建设原因、实施方案及预计实施后效果等。

××供电局每年下达年度配电网规划滚动修编报告任务时，都会提出配电网建设重点，最终立项项目根据建设重点确定。

（2）推广业主、监理联动监督，安全控制显著。

借鉴"小业主，大监理"管理模式，充分发挥监理人员作用，要求监理人员切实履行监理职责，重点做到日常管理到位、重要复杂施工监督到位和安全教育管理到位，通过推广业主、监理联动监督，真正实现项目无隙覆盖。

（3）积极开展配电网工程"安全、优质、文明"样板工程创建活动式。

按照××电网公司电网建设"安全、优质、文明"样板工程创建活动目标，江门供电局提前部署，积极响应，根据向电压等级渗透、向配电网工程全面拓展的总体思路，切实做好配电网工程创建工作的过程控制。

（4）制定配电网工程物资统一标准，减少库存物资。

××供电局工程建设部在组织设计审查时，为避免设计单位在设计方案、设备选型时存在差异，统一在设计环节把关，要求严格执行××电网公司10kV配电网工程标准设计，结合××局配电网运行特点，选择技术上成熟，经济上合理的设计方案，并根据标准设计中的设备材料制定出配电网工程物资统一标准，同时选用通用的设备材料，也减少了工程建设中的库存物资。

（5）合理安排资金计划，总体投资控制较为显著。

在现有配电网投资管理模式下，各建设单位较为注重对下达资金是否充分使用完毕，而较少关注过程中如何合理使用下达资金。××供电局对每个项目的建设资金的使用有适当的授权审批，结算实行"竣工一单，结算一单"的管理模式，在竣工后，聘请有资质的中介机构对每个项目进行结算审价和决算审计，严审工程量和价，而其他费用项目按××电网公司有关配电网改造工程财务处理的有关规定开支。

（6）积极推行联合施工实践，开展配电网带电作业，用户平均停电时间降幅显著。

××供电局以减少客户停电时间为目的，在停电检修施工方面大胆探索新型的施工管理模式，切实提高供电可靠率。联合大施工大大减少了停电次数和停电时间，提高供电可靠性，同时也加快了农网改造工程的进度，提高工程的质量和效率。

制定与××带电作业的相关制度，编制配电网带电作业手册，完成人员培训、带电工器具购置等工作，极大地降低了用户停电时间。

（7）设计提前介入，提高了项目的准确性和可实施性。

为控制设计与项目方案的偏差，在项目正式纳入项目储备库之前，××供电局一般采用项目提前设计，提前介入前期，对项目建设可能存在的阻力环节如征地、线行落实、青赔等提前开展相关工作，及早掌控，对存在阻力确实难以解决的项目则取消建设，确定配电网建设项目详细方案并经发展规划相关部门重审并通过后，再由工程部审查初设，给出审查意见并确定最终设计方案，各单位再将最终的详细方案上报发展规划相关部门，正式形成配电网建设项目库，从而提高项目的准确性和可实施性。

2. 存在的问题

（1）配电网管理制度执行力度有待加强。

从典型工程造价分析所收集到的资料来看，部分工程由于线行改变等发生工程量的变化，但未见设计变更单，未能严格按照《××电网公司中低压配电网项目管理办法（修订）》中的规定切实履行设计变更手续。

按照××2013年新建配电网工程竣工验收管理要求，竣工总验收必须具备"建设情况报告、现场检查及验收报告、财务和效益分析报告、由省公司备案的中介机构已出具审价及审计报告"，而中介机构出具审计报告时间（2014年4月）均在总验收时间（2014年3月）之后。

（2）合同资金支付管理有待加强。

大部分区县局未能严格按照合同资金支付条款规定执行，受施工单位报审和付款审批的影响，与合同条款规定的支付时间和每次应支付的金额有一定的偏差。

（3）配电网规划目标响应度较低。

从规划中提出的应解决问题和实际解决问题情况来看，地区4、地区5和地区6实现率较低，主要受装备水平和年度投资的影响，地区4和地区5单辐射线路、高损耗配变和旧设备、重（过）载配变较多，绝缘化程度较低，受负荷快速增长的影响，大部分区县局重（过）载线路、配变比率较高。

（4）单辐射线路数较多，特别是农网部分，有些村镇几乎未形成环网。

截至2013年底，××供电局单辐射线路条数仍存438条，占公用线路条数的43.11%，特别是农网部分单辐射线路仍较多，线路环网率较低，其中8个镇还未形成环网，网架结构薄弱。

（5）部分电网结构指标不够理想，有待进一步提高。

虽然电网结构指标均得到一定程度的改善，但是如典型接线比率和线路环网率等电网结构指标值均离国内可比先进水平城市有一定差距，还有较大提升空间，须进一步建设完善。

（6）配电网项目信息化水平薄弱，自动化水平有待提高。

虽然××供电局在近几年的配电网建设过程中配电网整体水平取得了一定幅度的提高，但配电网本身还存在很多薄弱环节，配电网管理技术和标准还不成熟，主要设备信息管理不到位，电能质量管理检测还不到位，配电网带电监测开展不够深入，虽然××供电局在××县局进行了配电网自动化试点工作，但信息化水平仍显薄弱。

第九节　对　策　建　议

一、对国家、行业及地方政府的宏观建议

1. 建立成果发布机制，发挥配电网工程后评价的作用

合理应用配电网工程后评价成果，可以有效地宣传电网建设成就，有助于总结经验教训，改进工作。但由于配电网工程后评价成果涉及电网关键技术和企业经营秘密，在成果发布中宜采用多种方式，针对不同受众分级发布。因此，建议积极建立配电网工程后评价成果的秘级评定与分级发布机制，合理采用出版专著、公开发表、内部印发等不同方式，向政府部门、社会公众、参建单位和建设、运营管理单位等不同对象，有选择地适当发布相关成果，从而服务于电网发展。

2. 建立动态后评价数据库、实施动态后评价

传统意义的后评价是基于某时点的评价，是在工程项目运营一段时间后对项目各个阶段的整体总结，不具有动态性。但项目的成功度具有动态性质，不能由某一段的工程总结得出的静态结论来替代，在项目全寿命周期内，应对项目运营各项指标进行实时监测。项目的功能指标、效率指标、主设备缺陷和寿命以及环保指标是项目目标评价的核心内容，项目社会影响、环境影响及其可持续性是一个需要长期观测的指标，这些测量应贯穿项目全寿命周期，动态数

据监测分析有助于对项目建设前期决策水平和建设实施水平进行进一步的检验和评价。因此，建议××电网公司设立相应的长效观测机制，建立动态后评价数据库，通过动态反馈和横向、纵向对比，提出优化方案，提高总体管理水平和经济效益。

3. 引入 BIM 技术进行电力设备设施管理，提升项目附加价值

BIM（Building Information Modeling，BIM）技术作为智能模型的新参数化虚拟工具，实现了从传统二维绘图向三位绘图的转变。BIM 技术发源于建筑设计，但不局限于建筑行业。BIM 技术在电力工程中的应用优势包括：可视化、优化性和协调性。在输变电工程的运营维护阶段，可通过 BIM 技术参与到输变电工程项目的运营与维护中，对电力设备进行实时监测，并在一定指标范围内进行不同程度预警，避免各类事故的发生，从而保证电力工程的正常稳定运营，增加项目的附加价值。BIM 技术的应用对于提高维的科学技术水平，促进电网建设全面信息化和现代化，具有良好的应用价值和前景。基于此，建议××电网公司进行有针对性的推行，可先在大型或示范性类工程项目进行试点，然后再逐步拓展至常规电网项目、配电网项目和技术改造项目。

二、对企业及项目的微观建议

1. 加强配电网管理制度的执行力度，确保流程的规范性

加强设计变更流程的管理，建立约束机制，调动项目各参建方的积极性，严格按照设计变更管理流程履行设计变更手续，对于未见设计变更单的工程，建议补办设计变更单，使工程档案资料规范性和完整性提高。

严格按照竣工验收制度执行，进一步协调好竣工验收和决算审计两者之间的进度关系，逐步引导单项工程结算编审管理的前移化、过程化，为决算审计的提前完成争取时间。

2. 提高合同资金支付管理水平，保障合同进度款项的及时到位

技经人员应认真阅读合同支付条款和已批复施工图纸，密切联系监理，及时取得与计量计价有关文件等，理顺合同资金支付流程，及时上报审批工程款支付申请，督促施工单位及时办理材料核对和领退料手续，在合同尾期严格按合同结算，按规定时间完成合同款项的支付。同时，严格按照合同条款规定支付质保金，使质保金真正起到约束作用。

3. 加大配电网投资力度，重点对重（过）载线路、配变、高损耗配变进行更换和改造工作

受部分区县局本身装备水平和负荷快速增长的影响，部分区县局重（过）载线路、配变比率仍较高，建议××供电局加大投入，加强对重（过）载线路、配变、高损耗配变的更换和改造工作，进一步加大对网架结构薄弱、装备水平低的地区的配电网投资力度。

4. 明晰线路接线模式，提高线路环网率

针对目前的农网部分单辐射线路较多，××供电局在"十二五"规划中明确了电缆网"2-1""3-1"或架空网单联络、两联络和"N 供一备"作为未来发展的主要接线模式，同时，原有的一些放射状供电线路也将进行环网改造。在今后的配电网建设与改造过程中，应逐步安排资金对农网部分实现环网模式接线，提高线路环网率，以进一步完善电网结构。

5. 明确建设重点，进一步完善配电网网架结构

在每年的配电网建设重点工作中，逐步排查各薄弱环节，明确当年工作重点，加大对该方面的建设投入，针对性地进行改进，进一步优化和完善网络结构。

6. 逐步向主网管理水平靠拢，加快自动化、信息化建设步伐

按照一体化要求，配电网应按照主网标准制定成熟的管理和技术标准，健全设备信息台账，落实到位电能质量管理检测，深入开展配电网带电监测。在构建坚强、灵活的一次网架的基础上，在先试点后逐步推广的基础上，加快配电网自动化、信息化建设步伐，争取早日发挥效益。

附录1 配电网工程后评价参考指标集

一级目标	二级目标	三级目标	序号	评价指标	评价内容	计算方法
项目实施过程评价	项目前期决策评价	规划报告质量	1	规划项目响应度	反映配电网实际实施项目对应于配电网年度滚动规划的项目数量及项目金额响应程度	规划项目响应度=（实际实施项目来源于规划项目数/实际实施项目数）×0.5×100%+（实际实施项目来源于规划项目投资金额/实际实施项目投资金额）×0.5×100%
			2	负荷预测准确率	反映滚动规划中负荷预测值的准确程度	负荷预测准确率=（1−|规划中负荷预测值−实际负荷值/规划负荷值|）×100%
		可研报告质量	3	可研规模准确度	反映可研报告中建设规模预测准确程度	可研规模准确度=（1−|实际实施项目投产规模−实际实施项目可研阶段规模|/实际实施项目可研阶段规模）×100%
			4	可研投资估算准确度	反映可研报告中投资估算预测准确程度	可研投资估算准确度=（1−|实施项目竣工决算−实施项目估算总投资|/实施项目估算总投资）×100%
		计划实施能力	5	项目立项变更率	反映项目立项以后、施工前因规划原因发生的项目增补、调整等变更情况	项目变更率=Σ项目增补变更个数/投资计划原个数×0.5×100%+Σ项目增补变更金额绝对值/投资计划金额×0.5×100%
			6	20（10）kV线路、配电容量年度立项规模投产率	反映线路、配电容量、设备立项规模的实际投产情况	20（10）kV线路、配电容量立项规模投产率=0.5×20（10）kV线路完成规模/计划投资规模×100%+0.5×20（10）kV配电容量完成规模/计划投资规模×100%
	项目实施准备评价	采购招标规范性	7	采购招标规范性	反映采购招投工作规范程度	招标范围、招标方式、招标组织形式、招标流程和评标方法任何一项不满足有关招投标管理规定扣20分
		开工条件落实率	8	开工条件落实率	反映开工手续是否完备	开工条件落实率=已落实开工条件数/总共需要落实开工条件数×100%
	项目建设实施评价	进度控制水平	9	一级进度计划完成率	反映项目整体进度计划完成情况	一级进度计划完成率=按进度计划完成的节点数/进度计划节点数×100%
			10	项目按期完成率	反映项目施工进度控制水平	项目按期完成率=按期完成项目数/项目总数×100%
		投资控制水平	11	投资节余率	反映项目投资控制水平	投资节余率=（批准概算−竣工决算）/批准概算×100%
		质量控制水平	12	一次验收合格率	反映项目质量控制水平	一次验收合格率=一次验收合格项目数量/实际实施项目数量×100%

続表

一级目标	二级目标	三级目标	序号	评价指标	评价内容	计算方法
项目实施效果评价	项目运营效果评价	电网结构	13	配网可转供率	反映配电网结构水平	配网可转供率=可转供的 10kV 馈线条数/10kV 馈线总条数×100%
		装备水平	14	高损配变比例	反映配电网装备水平	高损配变比例=S7 及以下等级配变数量/公用配变数量×100%
			15	低压架空线路绝缘化率		低压架空线路绝缘化率=实现绝缘化的低压架空线路长度/公用低压线路总长度×100%
		电网运行水平	16	电能质量提升率	反映配电网运行水平	电能质量提升率=（投运后区域综合电压合格率−投运前指标值）/投运前指标值×100%
			17	供电可靠提升率		供电可靠提升率=（投运后区域供电可靠率−投运前指标值）/投运前指标值×100%
			18	重过载线路比率		重过载线路比率=重过载 10kV 馈线条数/10kV 馈线总条数×100%。建议负载率≥80%线路为重载线路
			19	重过载配变比率		重过载配变比率=重过载配变台数/配变总台数×100%。建议负载率≥80%的配电变压器为重载配电变压器
			20	轻载配变比率		轻载配变比率=轻载配变台数/配变总台数×100%。建议负载率≤30%的配变为轻载配变
			21	轻载线路比率		轻载载线路比率=轻载 10kV 馈线条数/10kV 馈线总条数×100%。建议负载率≤30%的线路为轻载线路
		配电自动化与智能化水平	22	配电自动化提升率	反映配电网项目群对区域配电网自动化与智能化水平的提升程度	配电自动化提升率=50%×（投运后区域配电自动化覆盖率−投运前指标值）/投运前指标值+50%×（投运后智能电表覆盖率−投运前指标值）/投运前指标值
			23	分布式电源渗透率		渗透率=分布电源供电量/区域用电量×100%
	项目经营管理评价	管理规范性	24	制度执行率	评价项目经营管理的规范性	制度执行率=已落实制度数量/已制定制度数量

一级目标	二级目标	三级目标	序号	评价指标	评价内容	计算方法
项目经济效益评价	项目财务效益评价	盈利能力	25	财务内部收益率	反映配电网项目群全寿命周期的盈利能力	$$\sum_{t=1}^{n}(CI-CO)_t(1-FIRR)^{-t}=0$$ 式中：CI—项目各年现金流入量；CO—项目各年现金流出量；n—项目计算期；$FIRR$—财务内部收益率
			26	财务净现值		$$FNPV=\sum_{t=1}^{n}CF_t(1+i)^{-t}$$ 式中：CF—各期的净现金流量；n—项目计算期；i—基准收益率；$FNPV$—财务净现值
			27	项目投资回收期		$$P_t=T-1+\frac{\left|\sum_{i=1}^{T-1}(CI-CO)_i\right|}{(CI-CO)_T}$$ 式中：CI—项目各年现金流入量；CO—项目各年现金流出量；T—各年累计净现金流量首次为正或零的年数；P—投资回收期
			28	总投资收益率		总投资收益率=运营期平均息税前利润/项目总投资
			29	项目资本金净利润率		资本金净利润率=运营期平均净利润/项目资本金
		偿债能力	30	利息备付率	反映配电网项目群的偿债能力	利息备付率=息税前利润/计入总成本的应计利息
			31	偿债备付率		偿债备付率=（息税前利润+折旧+摊销−企业所得税）/应还本付息金额
			32	流动资产周转率	反映配电网项目群流动资产周转速度水平	流动资产周转率=主营业务收入净额/平均流动资产总额

167

附录2 配电网工程后评价收资清单

提资部门	文 件
规划计划	
1	规划报告及其附表
2	规划编制委托书或中标通知书
3	规划编制单位资质证书
4	规划编制及审查具体开展情况（编制过程、审核意见等）
5	可行性研究报告及其批复
6	可研编制委托书或中标通知书
7	可研编制单位资质证书
8	可研调整及其批复
9	项目完工备案表
10	可行性研究报告评审意见
11	可研评审单位资质证书
12	项目立项发文，调整、增补发文及附表
13	项目建设资金落实证明文件或配套资金承诺函
14	项目投资计划发文及附表
15	项目社会稳定风险分析报告
16	地区控制性规划文件
17	工程新闻报道资料
工程建设	
18	设计、施工、监理、主要设备材料招投标有关文件（招标方式，招标、开标、评标、定标过程有关文件资料，评标报告，中标人的投标文件，中标通知书等）
19	勘测设计、施工、监理及其他服务合同
20	物资采购合同（若无法提供合同原件请提供合同数量及总金额）
21	合同变更单
22	项目开工报告、分部分项工程各类开工报审表
23	施工许可证、建设工程规划许可证
24	初步设计委托或中标通知书

提资部门	文 件
25	初步设计单位资质证书
26	项目初步设计文件（终板）
27	项目批复初设概算书
28	项目初步设计评审意见
29	项目初步设计批复文件
30	施工图设计委托书或中标通知书
31	施工图设计单位资质证书
32	项目施工图设计文件（终版）
33	项目施设预算书
34	施工图设计会审及设计交底会议纪要
35	施工图交付记录
36	项目施工图设计批复文件
37	设计总结
38	设计变更单
39	工程里程碑进度计划或一级网络计划
40	施工组织设计报告、施工方案、创优实施细则
41	施工总结
42	监理规划、监理实施细则、监理月报
43	监理工作总结
44	设备监造合同
45	设备监造总结
46	建设单位总结
47	项目建设过程各类会议纪要等相关文件
48	分部试运与整套启动验收报告
49	启动调试阶段的总结报告
50	达标投产验收申请和批复报告
51	环境、水保专项验收报告及批复文件
52	水土、环境监测相关资料
53	工程结算报告及附表
54	工程结算审核报告及审核明细表

提资部门	文　件
55	消防、工业卫生、档案等各类专项验收相关文件
56	各类专题研究结题验收材料，包含工作报告、技术报告、科研成果如论文、专利等
57	竣工验收报告
58	项目各类获奖文件、报奖申报材料
59	主要设备材料的采购台账（含设备材料名称，数量、金额等）和招标材料
60	报奖材料
生产运行	
61	电网调度运行资料
市场营销	
62	地区供电量、供电负荷
财务	
63	项目财务竣工决算报告及其附表
64	合同支付台账
65	项目建设期、运营期纳税情况
66	项目运行单位资产负债表、利润表和成本快报表
67	项目运行单位折旧政策表
68	项目融资情况详表及还款计划
69	项目区域供电量
70	政府批复的输电价和售电价
71	项目运行单位执行的税率政策
经营管理	
72	管理机构设置资料
73	管理规章制度
74	项目制度、政策执行的过程资料
75	技术人员培训资料

附录 3 配电网工程后评价报告大纲

一、项目概况

对配电网工程群的基本情况做简要介绍，包括项目情况简述、项目主要建设内容、项目总投资、项目运行效益现状。

（一）项目情况简述

项目基本情况、参建单位。

（二）项目主要建设内容

配变容量、台数、户表、线路长度。

（三）项目总投资

项目初始立项投资、经取消及增补后立项调整投资、项目竣工决算（结算）投资。

（四）项目运行效益现状

配电网运行现状，包括配电网结构、装备水平和生产能力实现状况等。

二、项目实施过程评价

（一）项目前期决策评价

对项目前期决策阶段的主要内容进行回顾与总结，包括配电网规划编制，项目可行性研究报告的编制、评估或评审，项目决策程序。评价规划报告与可行性研究报告质量，项目决策过程与程序的科学性。

（二）项目实施准备评价

对配电网工程实施准备工作进行评价，按照满足开工条件要求，从设计文件评审到正式开工的各项工作评价。项目实施准备工作评价主要包括：初步设计评价、施工图设计评价、采购招标评价、资金筹措评价、开工准备评价等。

（三）项目建设实施评价

对评价期内所有已完配电网工程建设阶段的主要内容进行回顾与总结，对比实际建设情况与预期目标情况的一致性，以及建设各环节与规定标准的适配性，对配电网工程的建设组织、"四控"以及竣工阶段管理等几个重要评价点进行总结与分析。

三、项目实施效果评价

（一）项目技术水平评价

总结配电网工程在设计阶段、实施阶段和运行阶段新技术、新工艺、新材料、新设备的应用情况，从安全可靠性、可实施性、可维护性、可扩展性、节约环保性五个角度综合评价项目技术水平。

（二）项目运行效果评价

对配电网工程生产运营阶段的总结，评价配电网工程设计能力实现情况，重点从电网结构、装备水平、运行水平、配电自动化与智能化水平等角度进行分析。

（三）项目经营管理评价

主要对配电网工程生产经营阶段的经营管理进行评价。通过项目经营管理实际情况与相关法律、法规、规定等进行对比，重点对项目经营管理规范性方面进行评价。

四、项目经济效益评价

通过测算配电网工程经济效益指标，评价配电网项目群的盈利能力、偿债能力和营运发展能力，判断项目群对投资者的价值贡献。

五、项目环境效益评价

根据实际测量的配电网环境敏感点数据，对照相应标准，评价配电网工程实际污染和破坏限制是否符合环境标准要求。对照环境影响报告书/表批复的环境保护措施，评价落实情况。评价配电网工程对周围地区在自然环境方面产生的作用、影响及效益。

六、项目社会效益评价

通过总结配电网工程各阶段社会反馈，从区域经济社会发展、产业技术进步、服务用户质量、利益相关方的效益和社会稳定风险等方面综合评价配电网工程社会效益。

七、项目可持续性评价

根据配电网工程现状，结合国家的政策、资源条件和市场环境对项目的可持续性进行分析，预测产品的市场竞争力，从项目内部因素和外部条件等方面评价整个项目的持续发展能力。可进行项目的延续性评价和可重复性评价。

八、项目后评价结论

归纳和总结配电网工程后评价结论和主要经验教训，并从配电网工程整体的角度分析配电网工程目标的实现程度，定性总结配电网工程的成功度。

九、对策建议

根据配电网工程后评价过程中发现的问题，以及国家或行业政策等外部环境变化，提出合理、科学和有效的建议和措施。